# Mathematik 3

## Neue Prüfungsformen üben



# Kompetent AUFSTEIGEN ...

3. Klasse AHS • NMS

Günther Wagner / Helga Wagner

G&G

**www.ggverlag.at**

ISBN 978-3-7074-1885-9

In der aktuell gültigen Rechtschreibung

1. Auflage 2015
Illustrationen: Elena Obermüller
Illustration Kopfübung: Nikola Cazzonelli
Satz: Günther Wagner
Printed by Drukarnia Interak Sp. Z o.o., Czarnków, Polen

# Mathematik 3
## Neue Prüfungsformen üben

# Kompetent AUFSTEIGEN ...

3. Klasse AHS • NMS

# Lösungen

G&G

# Zahlen

## Seite 4

### Kopfübung

**Ü1** (1) –21, –17, –13, –9, –5, –1, 3, 7, 11

(2) –24, –21, –18, –15, –12, –9, –6, –3, 0, 3, 6

(3) 34, 28, 22, 16, 10, 4, –2, –8, –14, –20, –26

**Ü2**

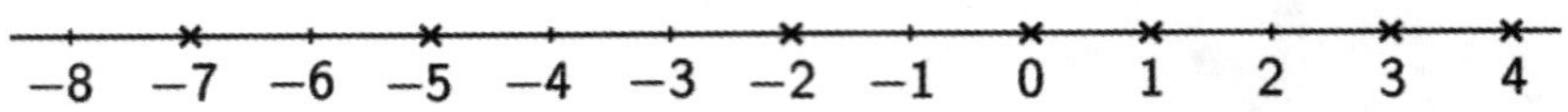


**Ü3**

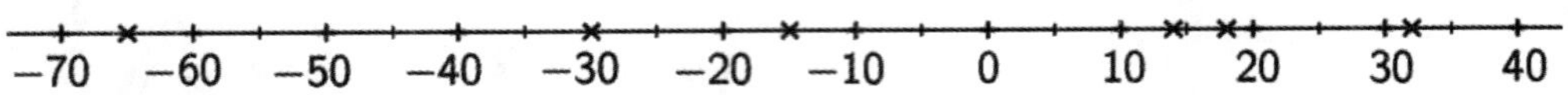


**Ü4**

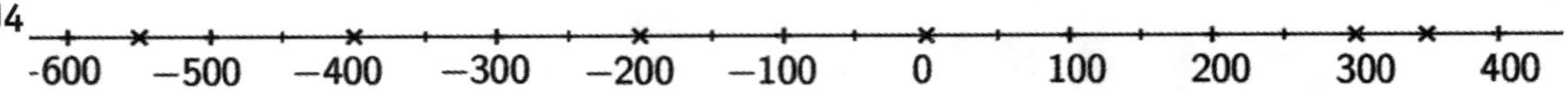


**Ü5** –8, –12, –3, 0, –15 , –9, –14, (–18)

**Ü6** –8, –12, –3, (0), –15, –9, –14, –18

**Ü7** ☐ –20 ☐ –4 ☒ +4 ☐ +20

**Ü8** ☐ –7 ☐ –27 ☒ –37 ☐ +37

**Ü9** –7, –5, –2, 2, 4

**Ü10**

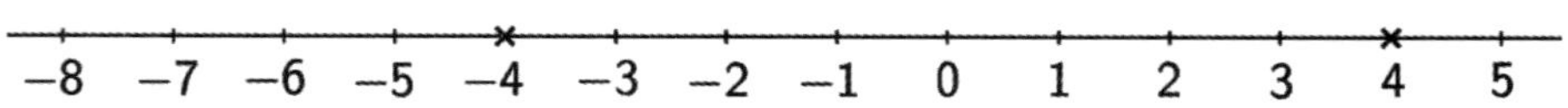


---

## Seite 5

**Ü11** a) 2 b) 0

**Ü12** ☒ weiter rechts auf der Zahlengerade liegt.

(1) a) –11 b) 22 c) –31 d) 27 e) –66 f) 120
g) –103 h) 339 i) –140

(2) a) 2 b) 1 c) –8 d) –21 e) –4 f) –60
g) 6 h) –8 i) –10

(3) a) –5 + 6 = 1 b) 15 + 12 = 27 c) –7 – 18 = –25
d) –3 + 24 = 21 e) –18 – 24 = –42 f) 24 + 6 = 30
g) –19 – 25 = –44 h) 18 – 24 = –6 i) –45 – 65 = –110

(4) (–3) · (–4) (–3) · (+4) (–3) – (+4)
(–3) + (–4) (+3) · (+4) (+3) · (–4)

# Seite 6

(5) a) –8 + 4 + 9 – 21 = –16 b) 8 + 14 – 12 – 65 = –55
c) –4 – 12 – 14 + 36 = 6 d) –3 + 24 – 24 + 6 = 3

(6) a) (–12) – (+4) + (+8) – (–21) =
= –12 – 4 + 8 + 21
b) (–5) – (–12) + (+12) – (+65) =
= –5 + 12 + 12 – 65
c) (–3) · (+9) + (–14) : (+2) =
= –27 + (–7)
d) (–3) + (–24) : (–3) – (+6) =
= –3 + (+8) – 6

(7) a) –9 b) –4 c) –14 d) –19

(8) Es wurde um 9° C wärmer.

(10) a) –3° C b) –12° C c) –8° C d) –2° C

(11) ☐ 30° ☐ 130° ☐ 160° ☒ 290°

(12) ☒ –6 ☒ –5 ☒ –4 ☒ –3 ☐ –2 ☐ –1 ☐ 0 ☐ 1 ☐ 2 ☒ 3 ☒ 4 ☒ 5 ☒ 6

# Seite 7

(13) ☐ $-6$ ☐ $-5$ ☒ $-4$ ☒ $-3$ ☒ $-2$ ☒ $-1$ ☒ $0$ ☒ $1$ ☒ $2$ ☒ $3$ ☒ $4$ ☐ $5$ ☐ $6$

(14) a)

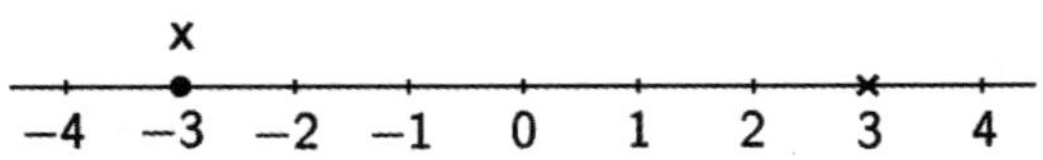

b)

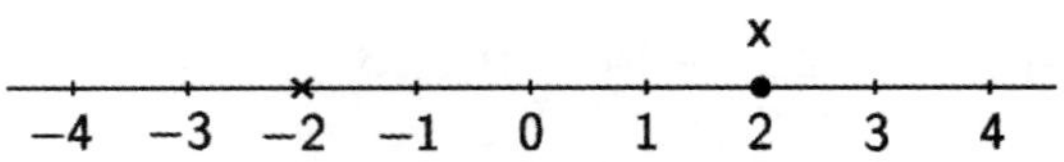

(15) a) $(-4) + (-7) = (-7) + (-4)$

$-11 = -11$

b) $(-4) \cdot (-7) = (-7) \cdot (-4)$

$28 = 28$

(16) a) $(-3) + [(+8) + (-9)] = [(-3) + (+8)] + (-9)$

$-4 = -4$

b) $(-3) \cdot [(+8) \cdot (-9)] = [(-3) \cdot (+8)] \cdot (-9)$

$216 = 216$

(17) Das Vertauschungsgesetz gilt für die Subtraktion nicht:

$(-4) - (-7) = 3$ $(-7) - (-4) = -3$

(18) Im Jahr 1247 konnte Rom sein 2000-jähriges Bestehen feiern.

Im Jahr 2047 wird Rom das 2 800-Jahr-Jubiläum feiern.

(19) a) Tobias hat 79 € Schulden bei seiner Oma.

b) Tobias hat noch 19 € Schulden bei seiner Oma.

(20) a) $-5 < -4 < 0 < |-3| < |+6| < |-7| < +8$ b) $-4 < -3 < 0 < |+2| < +6 < |-7| < |-9|$

(21) a) $-5 > -6$ b) $+15 > -12$ c) $-9 < -8$

d) $|+2| = |-2|$ e) $|-3| = |+3|$ f) $|-6| > 0$

(22) a) f b) f c) r

# Rationale Zahlen

## Seite 8

### Kopfübung

**Ü1**

| | | | |
|---|---|---|---|
| $\left(-1\frac{2}{3}\right)-\left(+\frac{1}{3}\right)=$ | C | A | $-4$ |
| $\left(-1\frac{2}{3}\right)-\left(-\frac{1}{3}\right)=$ | B | B | $-1\frac{1}{3}$ |
| $\left(-1\frac{2}{3}\right)-\left(+2\frac{1}{3}\right)=$ | A | C | $-2$ |
| $\left(-1\frac{2}{3}\right)+\left(+1\frac{1}{3}\right)=$ | D | D | $-\frac{1}{3}$ |

**Ü2** Berechne! Ordne den richtigen Buchstaben zu!

D

| | | | |
|---|---|---|---|
| $-2{,}5-(+1{,}5)=$ | A | A | $-4$ |
| $+4{,}5-(-0{,}5)=$ | D | B | $-5$ |
| $-2{,}7+(-2{,}3)=$ | B | C | $-3$ |
| $-2{,}4+(-0{,}6)=$ | C | D | $5$ |

**Ü3** $(-4{,}3)-(+0{,}7)+(-2{,}5)-(-3{,}5)=-4$

- ☐ $-4{,}3-0{,}7+2{,}5-3{,}5=$
- ☐ $-4{,}3-0{,}7+2{,}5+3{,}5=$
- ☒ $-4{,}3-0{,}7-2{,}5+3{,}5=$
- ☐ $4{,}3-0{,}7-2{,}5+3{,}5=$
- ☐ $4{,}3+0{,}7-2{,}5+3{,}5=$
- ☐ $4{,}3+0{,}7+2{,}5+3{,}5=$

**Ü4** $-4{,}3<-2{,}5<-1{,}8<0<1{,}4<2{,}5$

**Ü5** $2\frac{1}{3}>1\frac{3}{10}>0>-0{,}5>-1{,}7>-2{,}4>-2\frac{9}{10}$

**Ü6** $-2\frac{1}{4}$ $-2\frac{1}{2}$ (circled: $-2\frac{3}{4}$) $-2\frac{1}{6}$

# Seite 9

**Ü7** $-4\frac{1}{2}$ ($-4\frac{1}{6}$ circled) $-4\frac{3}{4}$ $-4\frac{1}{4}$

**Ü8** ☐ +4 ☐ +1 ☒ –1 ☐ –4

**Ü9** ☒ +4 ☐ +1 ☐ –1 ☐ –4

**1**

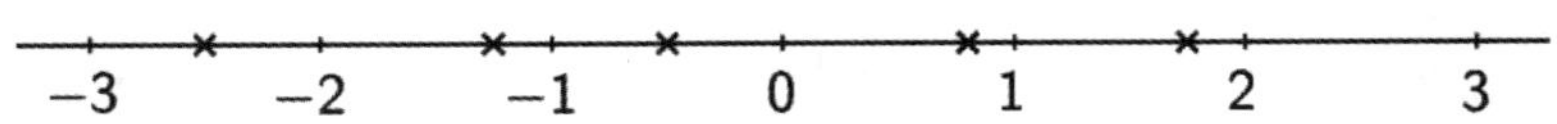

**2**
a) $-\frac{3}{4} < -\frac{1}{4}$ b) $-1\frac{1}{4} > -2\frac{3}{4}$ c) $-\frac{7}{10} > -\frac{9}{10}$
d) $-3\frac{5}{9} < -3\frac{1}{2}$ e) $-\frac{1}{4} > -2\frac{1}{4}$ f) $-3\frac{1}{2} = -\frac{7}{2}$

**3** $-2\frac{2}{3} < -2\frac{1}{2} < -2{,}3 < -1\frac{3}{4} < -1\frac{2}{3}$

**4**
a) –1 b) $-\frac{9}{7} = -1\frac{2}{7}$ c) –2
d) $-\frac{13}{3} = -4\frac{1}{3}$ e) $-2\frac{1}{2}$ f) –6
g) –8,7 h) –18,2 i) –77,3

**5**
a) $-\frac{1}{4}$ b) $\frac{11}{10} = 1\frac{1}{10}$ c) $-\frac{3}{2} = -1\frac{1}{2}$
d) $1\frac{9}{10}$ e) –8 f) $-1\frac{11}{18}$
g) 4,4 h) –0,6 i) –10,7

**6**
a) $-\frac{2}{3}$ b) $-\frac{1}{4}$ c) $-\frac{4}{3} = -1\frac{1}{3}$
d) –4 e) 2 f) $\frac{1}{9}$

---

# Seite 10

**7**
a) $-\frac{5}{8}$ b) $-\frac{13}{20}$ c) –2
d) $-2\frac{2}{5}$ e) 2 f) 6

(8) a) $\frac{69}{4} = 17\frac{1}{4}$ b) $\frac{1}{4}$ c) $2\frac{2}{3}$ d) $-\frac{59}{6} = -9\frac{5}{6}$

(9) a) 9,1 b) 4 c) –2,9 d) 80

(10) Nico Rosberg war in dieser Runde schneller.

Zeiten für die 6. Runde: Lewis Hamilton: 1 min 21,588 s
Nico Rosberg: 1 min 21,401 s

(11) a)

| Abhebungen | Einzahlungen |
|---|---|
| 359,20 | 2 368,40 |
| 123,75 | |
| 20 | |
| 45,30 | |

Der Kontostand hat sich um 1 820,15 € geändert.

b) Der neue Kontostand beträgt 1 952,65 €.

c) Der alte Kontostand war –1 305,85 €.

# Rechnen mit Variablen

## Seite 11

### Kopfübung

**Ü1** a) $x = 6 \cdot a$ $y = 4 \cdot a$

b)

(1) ☒ $A = 20\,a^2$ ☐ $A = 6a \cdot 4a$ ☒ $A = x \cdot y - a \cdot a \cdot 4$ ☐ $A = 2x \cdot 2y - 4a^2$

(2) ☒ $u = 2x + 2y + 4a$ ☐ $u = 2x + 2y$ ☐ $u = 2x + 2y - 4a$ ☒ $u = 24a$

2 ☐ 10 x ☐ x + 10 ☒ x + 10 x

☐ x + 5x ☒ x + 5y ☐ x + 5

**Ü4**

| | |
|---|---|
| $x + 3x + 7x - 8x =$ | B |
| $x - 3x + 7x - 8x =$ | C |
| $x + 3x - 7x + 8x =$ | A |
| $-x + 3x + 7x - 8x =$ | D |

| | |
|---|---|
| A | $5x$ |
| B | $3x$ |
| C | $-3x$ |
| D | $x$ |

**Ü5**

| | |
|---|---|
| $2a + 4b + 7a - 8b =$ | D |
| $2a - 4b + 7a - 8b =$ | A |
| $2a + 4b - 7a + 8b =$ | B |
| $-2a + 4b + 7a - 8b =$ | C |

| | |
|---|---|
| A | $9a - 12b$ |
| B | $-5a + 12b$ |
| C | $5a - 4b$ |
| D | $9a - 4b$ |

# Seite 12

**Ü6**

| | |
|---|---|
| $x^2 \cdot x^3 =$ | C |
| $(x^2)^3 =$ | F |
| $x^6 : x^4 =$ | A |
| $x \cdot x^3 =$ | E |

| | |
|---|---|
| A | $x^2$ |
| B | $2x^5$ |
| C | $x^5$ |
| D | $2x^4$ |
| E | $x^4$ |
| F | $x^6$ |

**Ü7**

| | |
|---|---|
| $2x^2 \cdot 3x^3 =$ | B |
| $(2x^2)^3 =$ | A |
| $6x^2 : 3x =$ | E |
| $2x \cdot x^3 =$ | D |

| | |
|---|---|
| A | $8x^6$ |
| B | $6x^5$ |
| C | $x^5$ |
| D | $2x^4$ |
| E | $2x$ |
| F | $5x^6$ |

**Ü8**

| | | | | |
|---|---|---|---|---|
| $2^3 =$ | ☐ $2 \cdot 3$ | ☒ $2 \cdot 2 \cdot 2$ | ☐ $2 + 3$ |
| $3^4 =$ | ☐ $3 + 4$ | ☒ $3 \cdot 3 \cdot 3 \cdot 3$ | ☐ $3 \cdot 4$ |
| $(-3)^2$ | ☒ $(-3) \cdot (-3)$ | ☐ $-3 \cdot 2$ | ☐ $-3 +$ |

**Ü9** $3 \cdot 10^7$ ☐ 3 000 000 ☒ 30 000 000 ☐ 31 000 000

**Ü10**

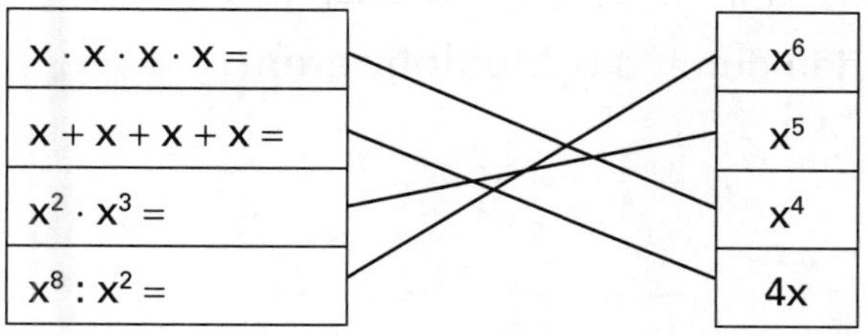


**Ü11** $(2x-y)^2 =$ ☐ $4x^2-4xy-y^2$ ☐ $4x^2-2xy-y^2$ ☒ $4x^2-4xy+y^2$

**Ü12** $(x+y)^2 =$ ☐ $x^2+y^2$ ☐ $x^2+xy+y^2$ ☒ $x^2+2xy+y^2$

---

## Seite 13

**1** **a)** $-6x + 3y$, Probe: $-3$ **b)** $-9a + 4b$, Probe: $-35$ **c)** $7x$, Probe: 14

**2** $u = 10a + 18b$, $A = 17ab$ $u = 92$ cm, $A = 136$ cm$^2$

**3** **a)** $11a + b$, Probe: 23 **b)** $-4x - 4y$, Probe: $-28$ **c)** $-6x + y$, Probe: $-7$

---

## Seite 14

**4** **a)** ☐ $3x - y$ ☒ $-3x + y$ ☐ $2y + 4x$
**b)** ☒ $-6a$ ☐ $-6a - 4b$ ☐ $6a + 4b$

**5** **a)** $12ab$ **b)** $21x^2$ **c)** $5x^3$
**d)** $-8ab$ **e)** $-15a^2$ **f)** $28a^3$
**g)** $6a^4$ **h)** $40x^4$ **i)** $-3x^3$

**6** **a)** $12x^2 - 15x$ **b)** $2a^3 + 4a^2$ **c)** $x^2y - xy^2$
**d)** $12a^3 - 28a^2$ **e)** $3a^3b - 2a^2b^2$ **f)** $rs^3 - r^3s$
**g)** $2x^2y - 4xy^2$ **h)** $4a^4 - 4a^2$ **i)** $2x^3 - 5x^2$

**7** **a)** $3^4 = 81$ **b)** $(-2)^3 = -8$ **c)** $\left(\frac{1}{2}\right)^4 = \frac{1}{16}$
**d)** $(-2)^4 = 16$ **e)** $\left(-\frac{2}{3}\right)^3 = -\frac{8}{27}$ **f)** $(-1)^3 = -1$
**g)** $(-1)^4 = 1$ **h)** $(-4)^2 = 16$ **i)** $-2^4 = -16$

# Seite 15

(8) Das Multiplizieren von gleichen Faktoren kann durch das **Potenzieren** ersetzt werden, die Addition gleicher Summanden durch das **Multiplizieren**.

(9)

| | |
|---|---|
| r + r + r = | D |
| r · r · r = | C |
| 3a · 3a · 3a = | E |
| 3a + 3a + 3a = | A |

| | |
|---|---|
| A | 9a |
| B | $9a^3$ |
| C | $r^3$ |
| D | 3r |
| E | $27a^3$ |
| F | $3r^3$ |

(10)

| | |
|---|---|
| a · 2a · 2a | D |
| (–2a) · (–2a) · (–2a) = | A |
| – 2 · (–a) · (–a) · (–a) = | E |
| –2 · a · a · a = | C |

| | |
|---|---|
| A | $-8a^3$ |
| B | $6a^3$ |
| C | $-2a^3$ |
| D | $8a^3$ |
| E | $2a^3$ |
| F | $-6a^3$ |

(11)

$10^5$ — 100 000

$10^6$ — 1 000 000

$10^2$ — 100

1 000 — $10^3$

(12)

| | | | |
|---|---|---|---|
| **a)** $2{,}3 \cdot 10^4$ | ☐ 2 300 | ☒ 23 000 | ☐ 230 000 |
| **b)** $4{,}59 \cdot 10^7$ | ☐ 450 900 000 | ☐ 4 590 000 000 | ☒ 45 900 000 |
| **c)** $1{,}4 \cdot 10^6$ | ☒ 1 400 000 | ☐ 14 000 000 | ☐ 1 460 000 |

(6) x ... Geld, das Selma gespart hat

$\left(x - \frac{x}{3}\right) : 2 = 623$

$x = 1\,869$ Selma hat 1 869 € gespart.

(7) ☐ $0{,}25\,x = 276$ ☒ $x - 0{,}25\,x = 276$ ☐ $x - 0{,}25 = 276$

Der ursprüngliche Preis beträgt 368 €.

(8) $m = \frac{F}{a}$ $a = \frac{F}{m}$

---

## Seite 21

(9) a) $v = \frac{s}{t}$ $t = \frac{s}{v}$

b) (1) falsch (2) richtig

| (1) falsch | | (2) richtig | |
|---|---|---|---|
| $s = v \cdot t$ | | $s = v \cdot t$ | |
| $60 = 90 \cdot 0{,}5$ | | $135 = 90 \cdot 1{,}5$ | |
| $60 = 45$ | f. A. | $135 = 135$ | w. A. |

(10)

$a \cdot b - c = d \quad |+c$

$a \cdot b = c + d \quad |:b$

$a = \frac{c+d}{b}$

$a \cdot b - c = d \quad |+c$

$a \cdot b = c + d \quad |:a$

$b = \frac{c+d}{a}$

$a \cdot b - c = d \quad |-(a \cdot b)$

$-c = d - a \cdot b \quad |\cdot(-1)$

$c = a \cdot b - d$

(11) a) $h = \frac{3V}{a^2}$

b) in $V = \frac{a^2h}{3}$: $294 = \frac{7^2 \cdot 18}{3}$ w. A. in $h = \frac{3V}{a^2}$: $18 = \frac{294 \cdot 3}{7^2}$ w. A.

(12) $x^2 + 27 = (x + 3)^2$

$x = 3$

Die Seiten der beiden Quadrate sind 3 cm und 6 cm lang.

(13) ☐ $3 + x = x + 12$ ☐ $3 + x = 12x$ ☒ $3x + x = x + 12$

$x = 4$

(14) ☐ $x \cdot (x + 1) = 20x^2$ ☒ $x \cdot (x + 1) = 20 + x^2$ ☐ $x + (x + 1) = 20 + x^2$

$x = 20$

---

# Verhältnisse und Proportionen

## Seite 22

### Kopfübung

Ü1 ☒ 6 : 4 ☒ 21 : 14 ☐ 3 : 5 ☒ 1,5 : 1 ☐ 1 : 6

Ü2 ☒ 1 cm : 1 m ☐ 1 mm : 1 m ☐ 1 g : 1 kg ☒ 1dag : 1 kg

Ü3 ☐ 1 cm : 1 m ☒ 1 mm : 1 m ☒ 1 g : 1 kg ☐ 1dag : 1 kg

Ü4 ☐ 5 ☒ 9 ☐ 12 ☐ 30

Ü5 ☐ 12 ☐ 24 ☒ 28 ☐ 32

Ü6 ☒ 2 : 3 = 180 : x ☐ 2 : 3 = x : 180
☐ 120 km ☐ 240 km ☒ 270 km ☐ 300 km

Ü7 ☐ 6 : 4 = 18 : x ☒ 6 : 4 = x : 18
☐ 12 h ☒ 27 h ☐ 14 h ☐ 26 h

Ü8 ☐ 32 m ☐ 32 dm ☒ 320 m ☐ 3,2 km

Ü9 Es gibt mehrere Lösungen.
a) 2 : 6 = 1 : 3 und 1 : 2 = 3 : 6
b) 10 : 50 = 100 : 500 und 10 : 100 = 50 : 500

---

## Seite 23

(1) a) 3 : 5 b) 4 : 5 c) 3 : 7 d) 1 : 9

(2) a) x = 18 b) x = 0,5 c) x = 80 d) x = 100

(3) a) 4 : 1 b) Man braucht 39 kg Kupfer und 26 kg Zink.

(4)
☐ Das Mischungsverhältnis ist 1 : 7.
☒ Man erhält 7 Liter Saft, wenn man 1 Liter Dicksaft mit 6 Liter Wasser mischt.
☒ Das Mischungsverhältnis ist 1 : 6.
☐ Aus einem halben Liter Dicksaft bekommt man 6 Liter Saft.

(5) a) indirekt, 3 : 4 = x : 16 — Das Füllen dauert 12 Stunden.
b) indirekt, 6 : 10 = x : 155 — Er kann 93 Schachteln füllen.
c) direkt, 0,5 : 2,5 = 7 : x — Lukas fährt 35 km.
d) für a) $k = \frac{3}{4}$, für c) $k = 5$

(6) a) 80 000, 440 000, Verhältnis 2 : 11
b) ☐ Schweden ist 11-mal so groß wie Österreich.
☒ Fläche Österreichs : Fläche Schwedens = 1 : 5,5.

---

# Prozent- und Zinsenrechnung

## Seite 24

### Kopfübung

**Ü1**

| | | | |
|---|---|---|---|
| 3 % von 200 = | ☒ 6 | ☐ 60 | ☐ 600 |
| 10 % von 1 800 = | ☐ 1,8 | ☐ 18 | ☒ 180 |
| 25 % von 400 = | ☐ 25 | ☐ 10 | ☒ 100 |
| 5 % von 1 300 = | ☐ 6,5 | ☒ 65 | ☐ 650 |
| 20 % von 200 = | ☐ 20 | ☒ 40 | ☐ 60 |
| 120 % von 500 = | ☐ 520 | ☒ 600 | ☐ 620 |

**Ü2**

| | |
|---|---|
| $\frac{1}{4}$ | D |
| $\frac{2}{5}$ | A |
| $\frac{3}{10}$ | C |
| $\frac{3}{100}$ | B |

| | |
|---|---|
| A | 40 % |
| B | 3 % |
| C | 30 % |
| D | 25 % |

**Ü3**

| | | | |
|---|---|---|---|
| 420 sind 10 % von | ☐ 42 | ☐ 420 | ☒ 4 200 |
| 24 sind 20 % von | ☐ 12 | ☒ 120 | ☐ 1 200 |
| 5 sind 5 % von | ☐ 5 | ☐ 10 | ☒ 100 |
| 240 sind 120 % von | ☐ 120 | ☒ 200 | ☐ 220 |

**Ü4** Das Fahrrad kostet 340 €.

| | | | | |
|---|---|---|---|---|
| **Ü5** | 30 von 300 sind | ☐ 1 % | ☒ 10 % | ☐ 25 % |
| | 2 von 40 sind | ☐ 2 % | ☒ 5 % | ☐ 10 % |
| | 30 von 120 sind | ☐ 3 % | ☐ 12 % | ☒ 25 % |
| | 80 von 200 sind | ☐ 4 % | ☐ 8 % | ☒ 40 % |

**Ü6** ☐ P – 10 % ☒ P · 0,9 ☒ P – 0,10 · P ☐ 90 · P ☐ P + 0,10 · P

---

# Seite 25

**Ü7** ☒ P · 1,20 ☐ P + 20 % ☒ P + 0,20 · P ☐ 120 · P ☐ P · 0,20

**Ü8** ☐ 10 ☒ 100 ☐ 1 000

**Ü9** ☐ 10 ☐ 100 ☒ 1 000

(1) Markus hat 87,5 % erreicht.

(2) Von 83,3 % bis 91,7 % hat man die Note Gut.

(3) Die Großmutter hat Irina 75 € geschenkt.

(4) **a)** Die Mehrwertsteuer beträgt 90 €.
**b)** Die Mehrwertsteuer beträgt 8,50 €.

(5) Die Gehaltserhöhung macht 6,7 % aus.

(6) Die Zeitung hat ungefähr recht, das Handgepäck wäre um 37,8 % kleiner.

(7) Nach dem 3. Aufspringen erreicht der Ball eine Höhe von 86,4 cm.

---

# Seite 26

(8) **a)** (1) 1 887 Einwohner (2) 2 033 Einwohner
**b)** ☐ 17 Jahre ☐ 37 Jahre ☒ 47 Jahre ☐ 57 Jahre

(9) ☐ Julia sagt. „Ich muss zuerst 90 durch 30 dividieren und dann mit 100 multiplizieren!"

☒ Maria meint: „Ich muss zuerst 90 durch 10 dividieren und dann mit 7 multiplizieren!"

☒ Chiara rechnet: „Ich rechne mir 10 % aus und multipliziere das Ergebnis mit 3. Diesen Wert muss ich von 90 subtrahieren!"

☐ Janina sagt: „Ich subtrahiere 30 von 90. Das ist der Preis für die Jacke im Abverkauf!"

(10) Das Haus ist 216 000 € wert.

(11) a) $p_{eff} = 0{,}6$ % b) Melanie hat nach fünf Jahren ein Guthaben von 515,18 €.

(12) a) $p_{eff} = 0{,}675$ % b) Er bekommt 5,40 € Zinsen.

(13) Der PKW kostet 24 331,80 €.

(14) Im Jahr 2050 würden auf der Erde 10,3 Milliarden Menschen leben.

(15) Der Wald hat eine Fläche von 39 984 $km^2$.

# Statistik

## Seite 27

### Kopfübung

**Ü1**

| Haustiere | 0 | 1 | 2 | 3 | 4 |
|---|---|---|---|---|---|
| Kinder | 1 | 8 | 6 | 5 | 1 |

$\overline{x} = 1{,}857..$
$\overline{x} = 1{,}9$

Die Kinder haben durchschnittlich 1,9 Haustiere.

**Ü2** **a)**

| Teilnehmer | 3a | 3b | Summe |
|---|---|---|---|
| Schifahrer | 12 | 17 | 29 |
| Snowboarder | 11 | 8 | 19 |
| Summe | 23 | 25 | 48 |

Es fahren 29 Schülerinnen und Schüler Schi, 19 Schülerinnen und Schüler Snowboard.

**b)** An der Wintersportwoche nahmen insgesamt 48 Schülerinnen und Schüler teil.

**Ü3** **a)** $\bar{x} = 2,68$

**b)** Der Notendurchschnitt wird höher, wenn sich die Zahl der Einser **verringert**.

---

# Seite 28

(1)

| | Klasse | Klassenmitte | Strichliste | h | r | p |
|---|---|---|---|---|---|---|
| 1 | 4,0 – 4,4 | 4,2 | II | 2 | $\frac{2}{70} = 0,029$ | 2,9 % |
| 2 | 4,5 – 4,9 | 4,7 | IIII | 4 | $\frac{4}{70} = 0,057$ | 5,7 % |
| 3 | 5,0 – 5,4 | 5,2 | III | 3 | $\frac{3}{70} = 0,043$ | 4,3 % |
| 4 | 5,5 – 5,9 | 5,7 | ~~IIII~~ II | 7 | $\frac{7}{70} = 0,1$ | 10 % |
| 5 | 6,0 – 6,4 | 6,2 | ~~IIII~~ ~~IIII~~ ~~IIII~~ | 15 | $\frac{15}{70} = 0,214$ | 21,4 % |
| 6 | 6,5 – 6,9 | 6,7 | ~~IIII~~ ~~IIII~~ | 10 | $\frac{10}{70} = 0,143$ | 14,3 % |
| 7 | 7,0 – 7,4 | 7,2 | ~~IIII~~ ~~IIII~~ II | 13 | $\frac{13}{70} = 0,186$ | 18,6 % |
| 8 | 7,5 – 7,9 | 7,7 | III | 3 | $\frac{3}{70} = 0,043$ | 4,3 % |
| 9 | 8,0 – 8,4 | 8,2 | ~~IIII~~ | 5 | $\frac{5}{70} = 0,071$ | 7,1 % |
| 10 | 8,5 – 8,9 | 8,7 | ~~IIII~~ | 5 | $\frac{5}{70} = 0,071$ | 7,1 % |
| 11 | 9,0 – 9,4 | 9,2 | I | 1 | $\frac{1}{70} = 0,014$ | 1,4 % |
| 12 | 9,5 – 9,9 | 9,7 | II | 2 | $\frac{2}{70} = 0,029$ | 2,9 % |
| | Summe | | | 70 | 1 | 100 % |

$\bar{x} = 6,75$ l

$\bar{x} = 6,8$ l     Der durchschnittliche Treibstoffverbrauch liegt bei rund 6,8 Liter.

---

# Das Koordinatensystem

## Seite 29

### Kopfübung

**Ü1** A(0/0), B(3/0), C(2/–2), D(1/2), E(0/4), F(–2/2), G(–4/0), H(–2/–1), I(0/–2)

**Ü2** ☐ $P_1(-3/-4)$ ☐ $P_1(-3/4)$ ☒ $P_1(3/4)$

**Ü3** ☒ $Q_1(2/-1)$ ☐ $Q_1(-2/1)$ ☐ $Q_1(2/1)$

**Ü4** ☒ $R_1(0/2)$ ☐ $R_1(2/0)$ ☐ $R_1(-2/0)$

(1) Zeichnung verkleinert

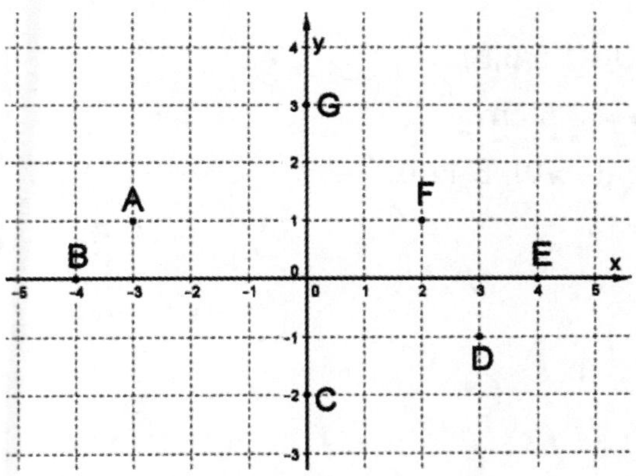


(2) Zeichnung verkleinert

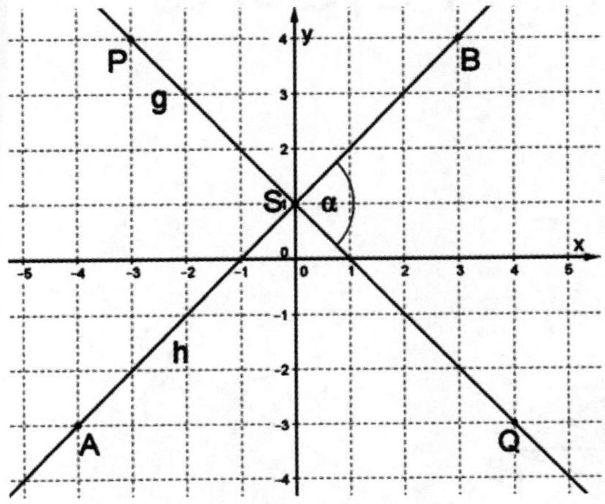


S(0/1), $\alpha = 90°$

(3) Zeichnung verkleinert

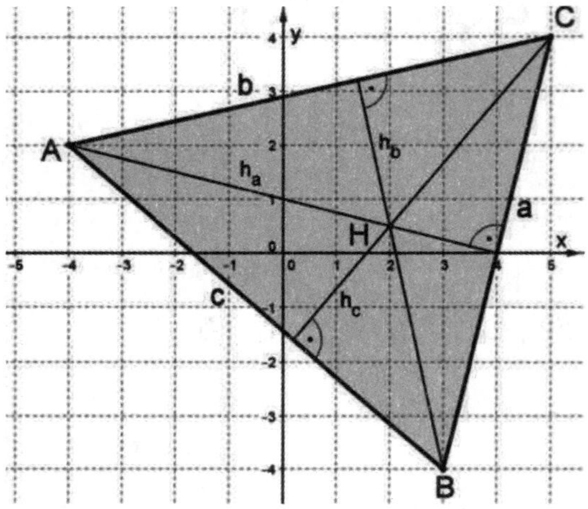


H(2/0,5)

(4) Zeichnung verkleinert

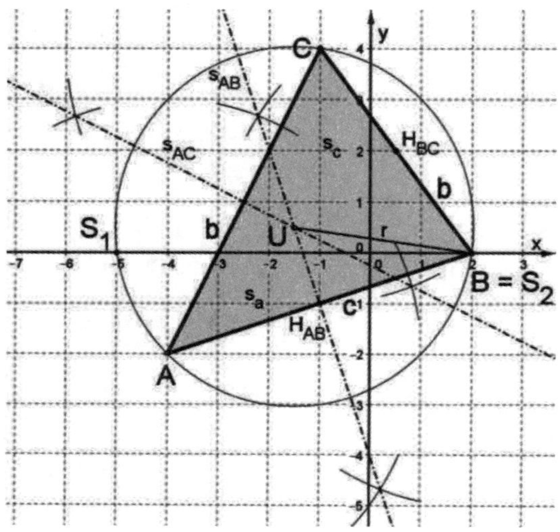


U(−1,5/0,5)

r = 3,5 cm

$S_1(-5/0)$, $S_2(2/0)$

# Ebene Figuren – Dreiecke

## Seite 30

### Kopfübung

**Ü1**

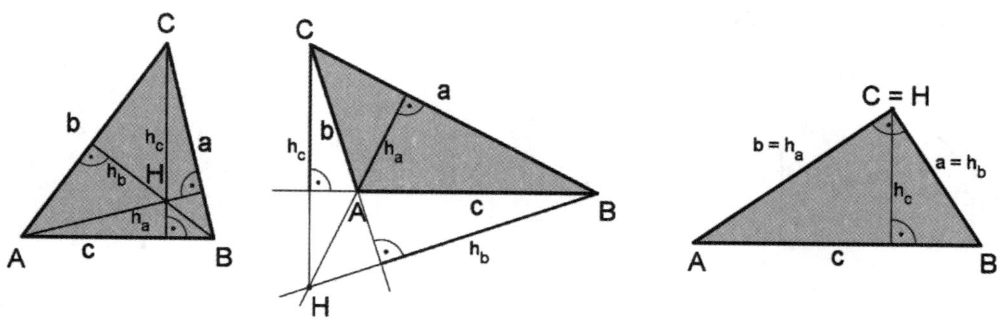

**Ü2**

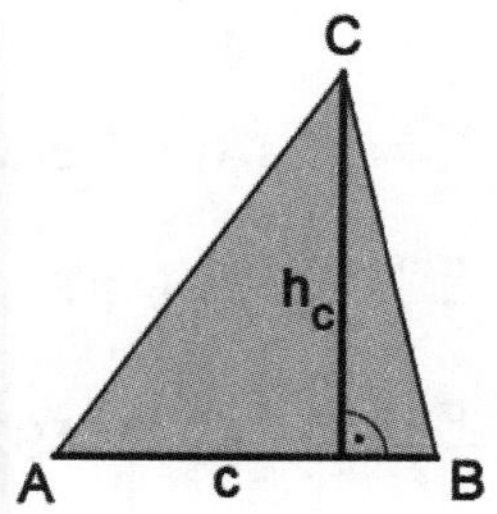


1. Flächenformel:

$$A = \frac{c \cdot h_c}{2}$$

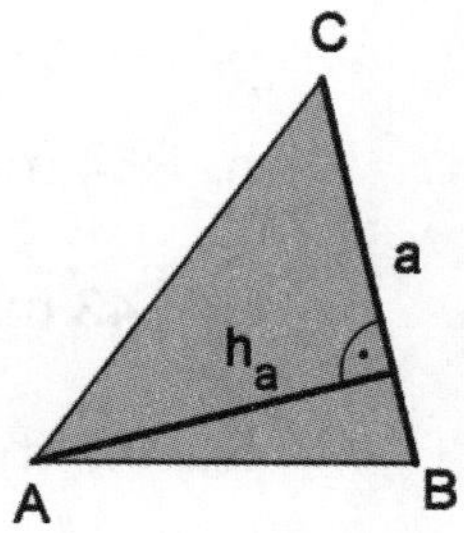


2. Flächenformel:

$$A = \frac{a \cdot h_a}{2}$$

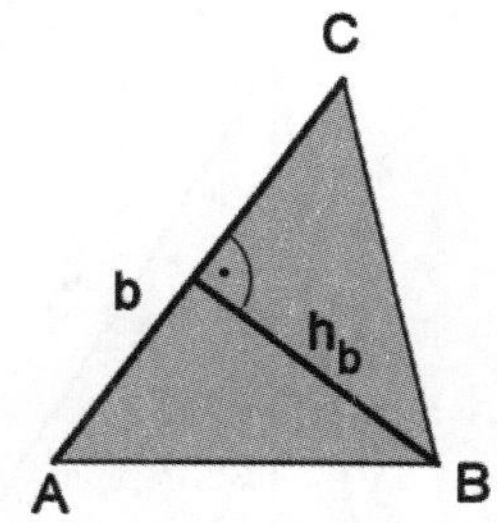


3. Flächenformel:

$$A = \frac{b \cdot h_b}{2}$$

**Ü3**

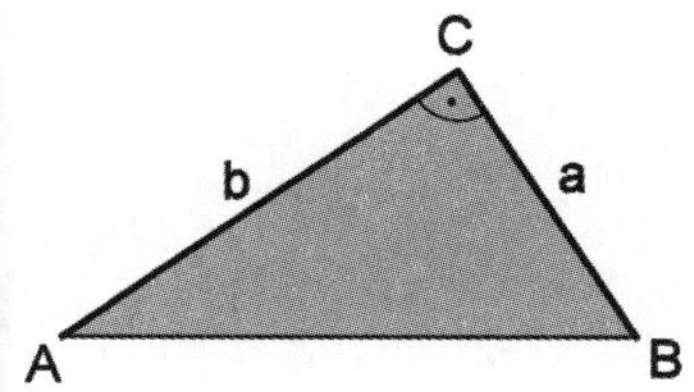


$$A = \frac{a \cdot b}{2}$$

**Ü4**

**a)** $A = 21\ \text{cm}^2$ **b)** $A = 30\ \text{cm}^2$

---

# Seite 31

**Ü5**

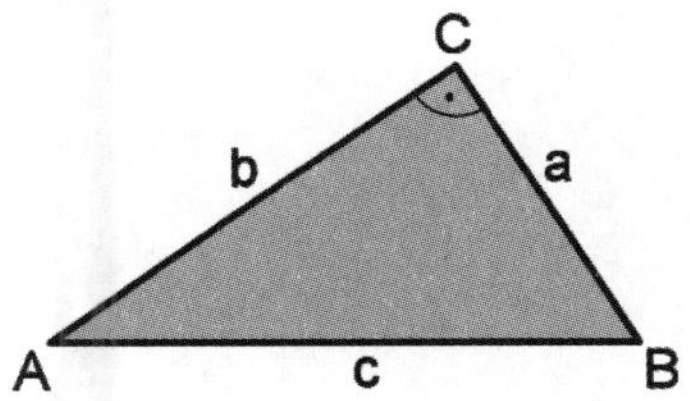


☐ $a^2 = b^2 + c^2$

☒ $a^2 + b^2 = c^2$

☐ $a^2 - b^2 = c^2$

Dieser Satz heißt **pythagoreischer Lehrsatz.**

**Ü6** Ergänze, sodass ein richtiger Merksatz entsteht!

Im _____①______ Dreieck gilt der pythagoreische Lehrsatz.

Er lautet: Die Summe der _______②_______ ist gleich dem ______③______.

| ① | |
|---|---|
| gleichseitigen | ☐ |
| gleichschenkligen | ☐ |
| rechtwinkligen | ☒ |

| ② | |
|---|---|
| Seitenquadrate | ☐ |
| Kathetenquadrate | ☒ |
| Hypotenusenquadrat | ☐ |

| ③ | |
|---|---|
| Hypotenusenquadrat | ☒ |
| Seitenquadrate | ☐ |
| Kathetenquadrate | ☐ |

(1)

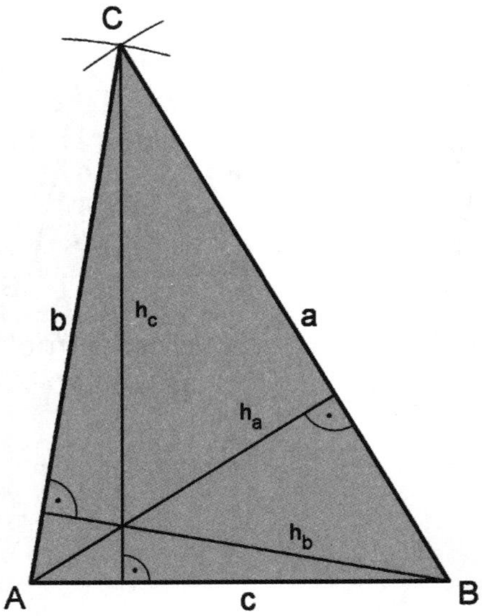


$h_c = 64\ mm$ $\quad A_1 = \frac{c \cdot h_c}{2}$ $\quad A_1 = 1\,600\ mm^2$

$h_a = 43\ mm$ $\quad A_2 = \frac{a \cdot h_a}{2}$ $\quad A_2 = 1\,612{,}5\ mm^2$

$h_b = 49\ mm$ $\quad A_3 = \frac{b \cdot h_b}{2}$ $\quad A_3 = 1\,592{,}5\ cm^2$

Mittelwert für den Flächeninhalt:

$A = 1601{,}666...$
$A = 1\,601{,}7\ mm^2$

$u = 190\ mm$

(2)

☐ $A = \frac{a \cdot h_a}{2}$

☐ $A = \frac{b \cdot h_b}{2}$

☒ $A = \frac{c \cdot h_c}{2}$ $\qquad A = 6\ cm^2$

(3)

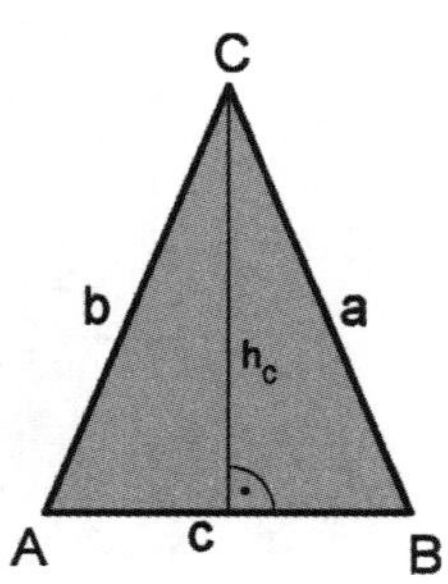


$A = 21\ cm^2$ $\qquad a = 6{,}94..$
$a = 6{,}9\ cm$

(4)

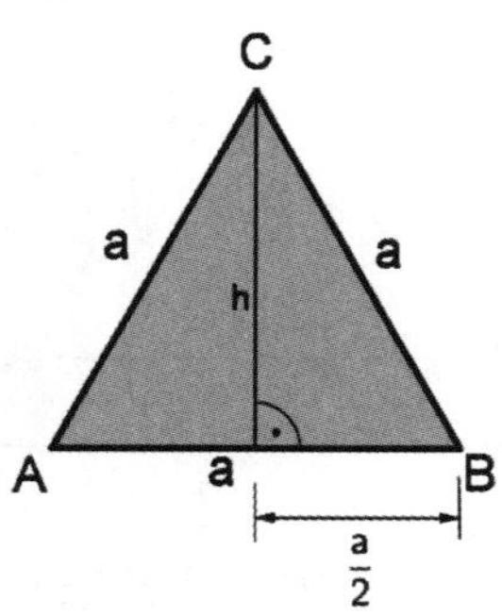


$h = 5{,}369..$ $\qquad A = 16{,}645..\ cm^2$
$A = 16{,}65\ cm^2$

## Seite 32

(5) 2 m

(6) Das Dreieck ist halb so groß gezeichnet.

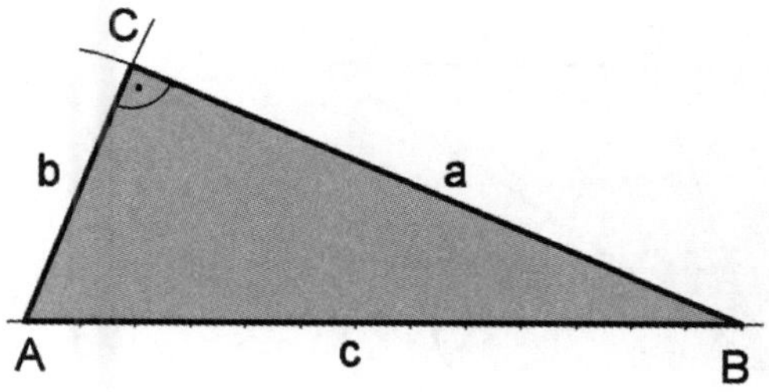


$12^2 + 5^2 = 13^2$

$144 = 144$

Da der pythagoreische Lehrsatz gilt, ist das Dreieck rechtwinklig.

# Ebene Figuren – Vierecke

## Seite 32

### Kopfübung

**Ü1**

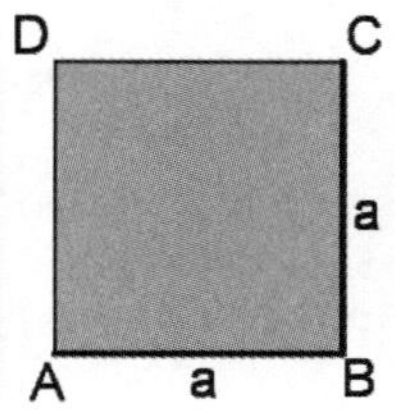


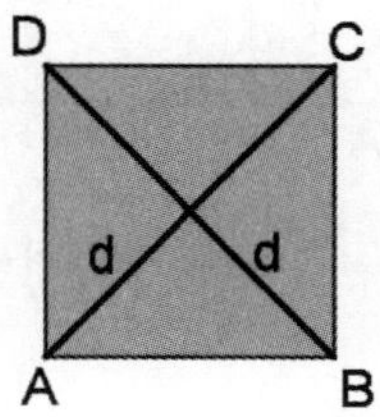


1. Flächenformel:

$A = a^2$

2. Flächenformel:

$A = \frac{d \cdot d}{2}$

**Ü2**

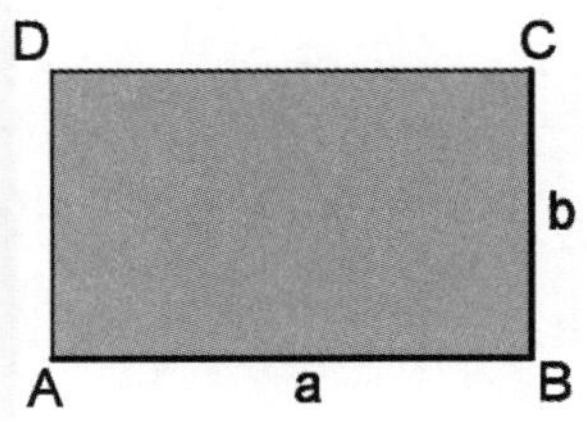


$A = a \cdot b$

**Ü3**

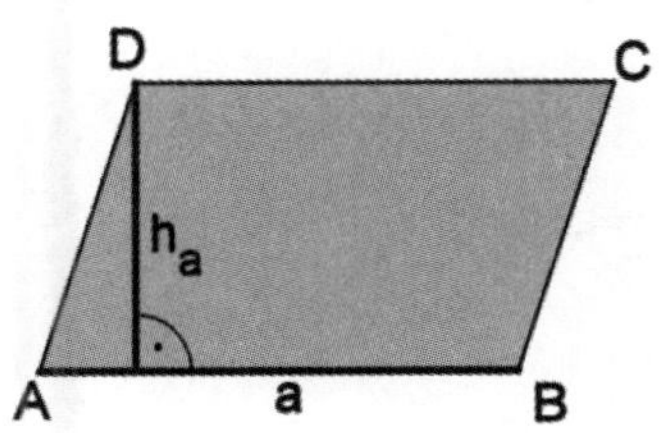


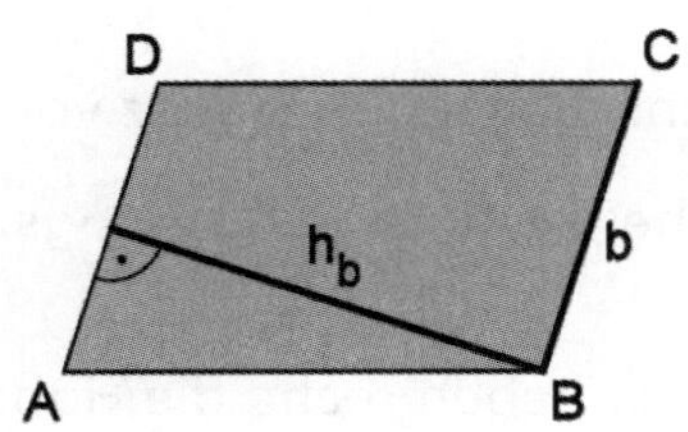


1. Flächenformel:

$A = a \cdot h_a$

2. Flächenformel:

$A = b \cdot h_b$

# Seite 33

**Ü4**

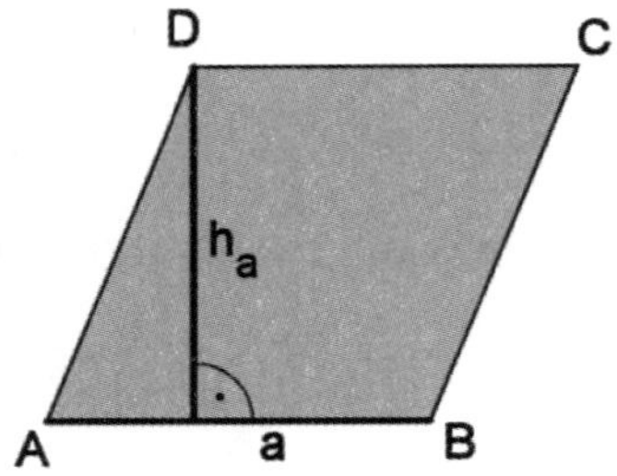


1. Flächenformel:

$A = a \cdot h_a$

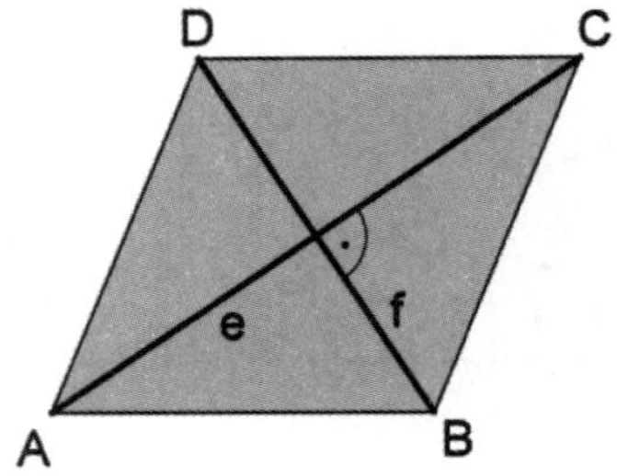


2. Flächenformel:

$A = \frac{e \cdot f}{2}$

**Ü5**

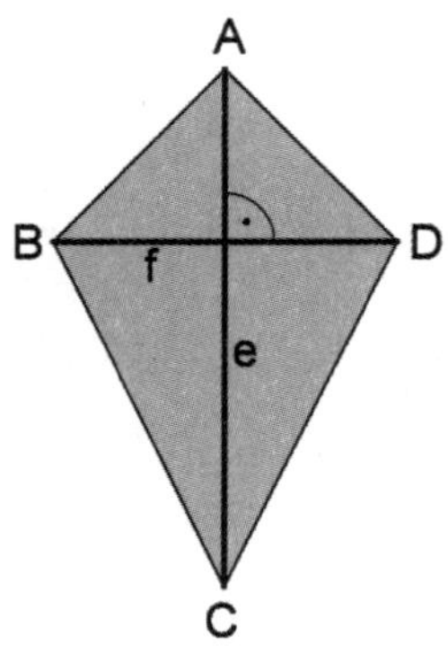


$A = \frac{e \cdot f}{2}$

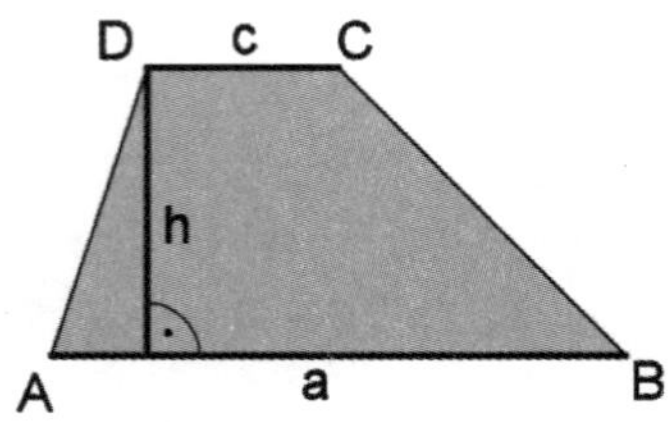


$A = \frac{(a + c) \cdot h}{2}$

(1) a) 1 728 $mm^2$ b) 1 568 $mm^2$ c) 1 344 $mm^2$

(2) $A = 2\,600\ mm^2$ $h_b = 50\ mm$

---

# Seite 34

(3) a) 18 $cm^2$ b) 12 $cm^2$

(4) Es liegt ein gleichschenkliges Trapez vor.

Querschnittsfläche: 24,48 $m^2$, Böschungslänge: 4,686.. m = 4,69 m

(5) Peter und Benedict haben recht, die Höhe h = 60 mm.

(6) Man braucht 2 592 Platten, also rund 2 600 Platten

⑦ ☐ doppelt so groß ☐ dreimal so groß ☒ viermal so groß

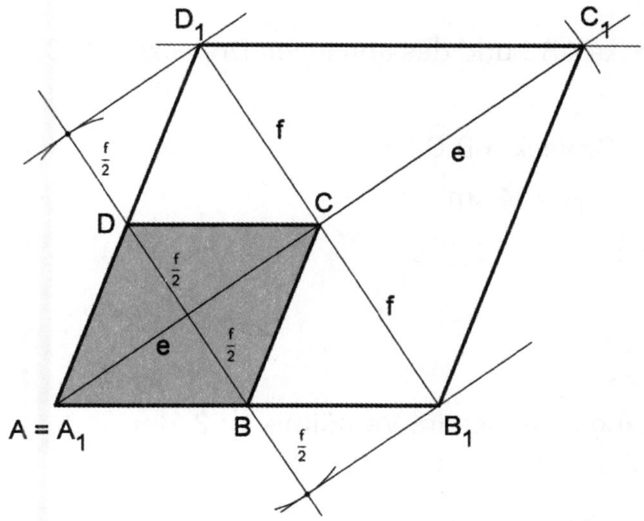


# Ähnlichkeit

## Seite 35

### Kopfübung

**Ü1**

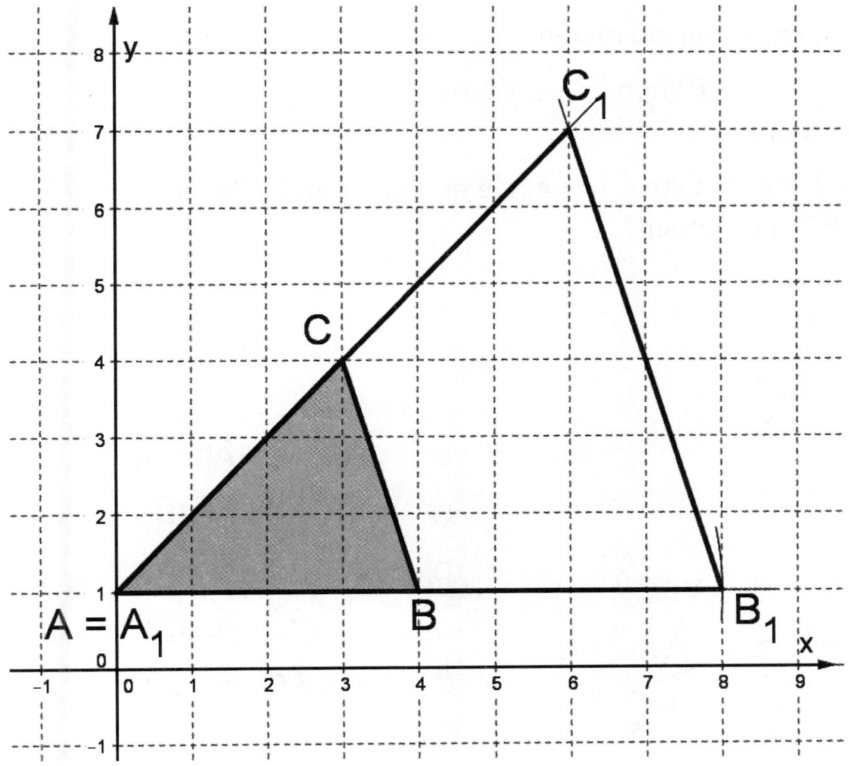


$A_1(0/1)$

$B_1(8/1)$

$C_1(6/7)$

Die Seitenlängen des Dreiecks ABC und des ähnlichen Dreiecks $A_1B_1C_1$ verhalten sich wie **1 : 2**.

Die Flächeninhalte des Dreiecks ABC und des ähnlichen Dreiecks $A_1B_1C_1$ verhalten sich wie **1 : 4**.

Dreieck ABC: $A = 6\ cm^2$

Dreieck $A_1B_1C_1$: $A = 24\ cm^2$

Verhältnis der Flächeninhalte:

$6 : 24 = 1 : 4$ w.A.

**Ü2** $a_1 = 9$ cm, $c_1 = 19{,}5$ cm
Die entsprechenden Seitenlängen stehen im Verhältnis **1 : 3**, der Proportionalitätsfaktor k ist **3**.

**Ü3** Teile die Strecke AB in 6 gleiche Teile!

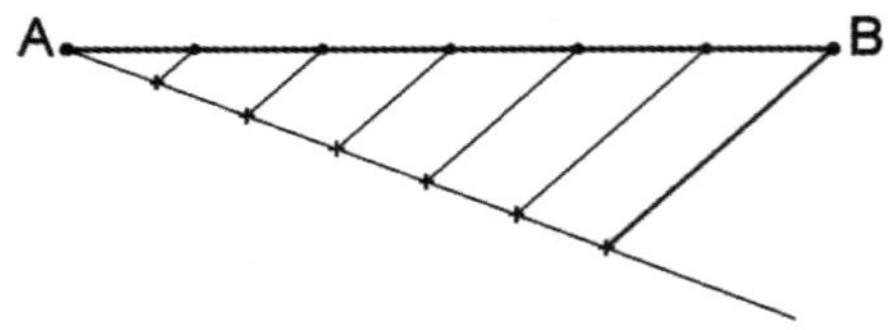


---

# Seite 36

**Ü4** Kreuze an!
Dreiecke sind ähnlich, wenn sie in den

(1) ☐ Seiten ☐ Höhen ☒ Winkeln
übereinstimmen und

(2) ☐ die Flächeninhalte ☒ die entsprechenden Seiten
im selben Verhältnis stehen.

**Ü5**

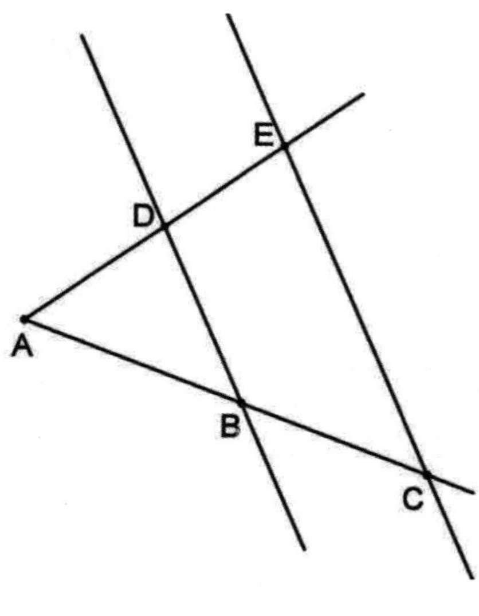


☒ $\overline{AB} : \overline{AC} = \overline{AD} : \overline{AE}$

☐ $\overline{AB} : \overline{AC} = \overline{AD} : \overline{DE}$

☐ $\overline{AB} : \overline{BC} = \overline{AD} : \overline{AE}$

☐ $\overline{AC} : \overline{BC} = \overline{EC} : \overline{DB}$

☒ $\overline{AB} : \overline{AC} = \overline{EC} : \overline{DB}$

(1) **a)** $a_1 = 18$ cm, $c_1 = 30$ cm **b)** $b_1 = 4$ cm, $c_1 = 5$ cm **c)** $a_1 = 4{,}5$ dm, $b_1 = 6$ dm

(2) $c = 36$, $b = 19$, $a_1 = 93$

---

# Seite 37

zu Bsp 4

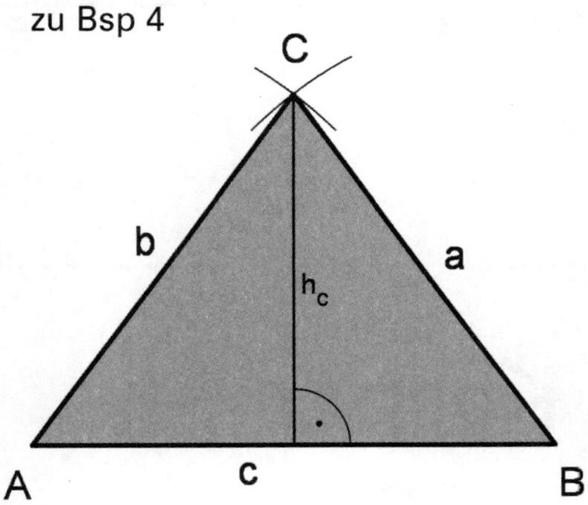


(3) **a)** $x = 1$ **b)** $x = \frac{5}{3}$

**c)** $x = 3$, $y = 2$ **d)** $x = 7{,}5$

(4) **a)** $c_1 = 12$ cm

**b)**

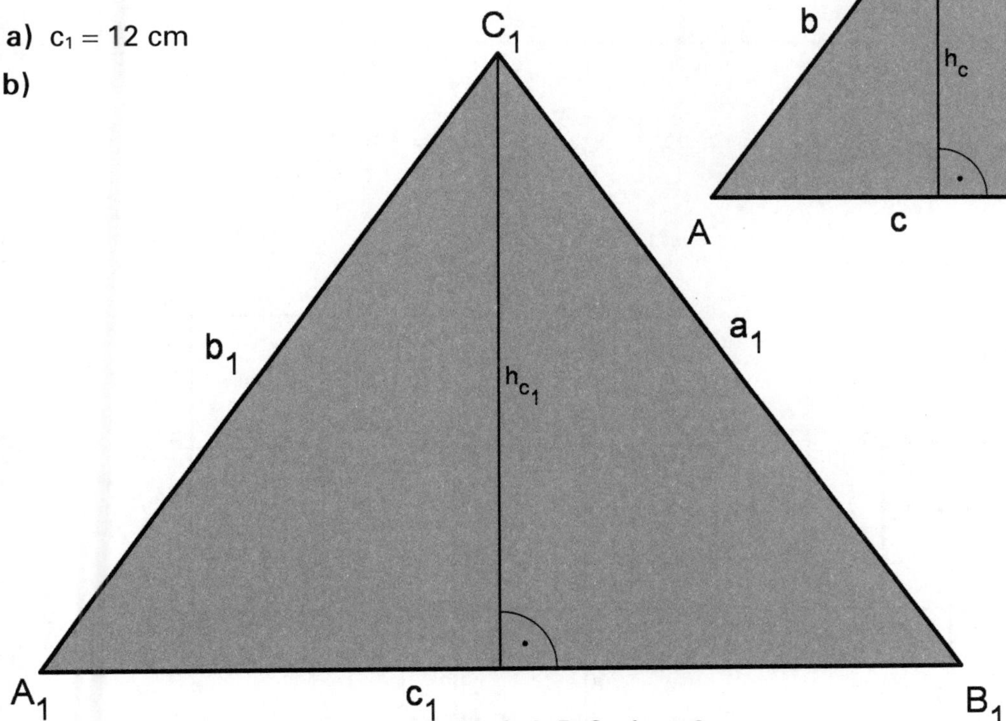


**c)** Dreieck ABC: $h_c = 4$ cm Dreieck $A_1B_1C_1$: $h_c = 8$ cm

$4 : 8 = 1 : 2$ Die Höhen stehen im selben Verhältnis wie die Seiten.

**d)** Dreieck ABC: $u = 16$ cm Dreieck $A_1B_1C_1$: $u = 32$ cm

Die Umfänge stehen im Verhltnis 1 : 2.

**e)** Dreieck ABC: $A = 12\ \text{cm}^2$ Dreieck $A_1B_1C_1$: $A = 48\ \text{cm}^2$

$12 : 48 = 1 : 4$

(5)

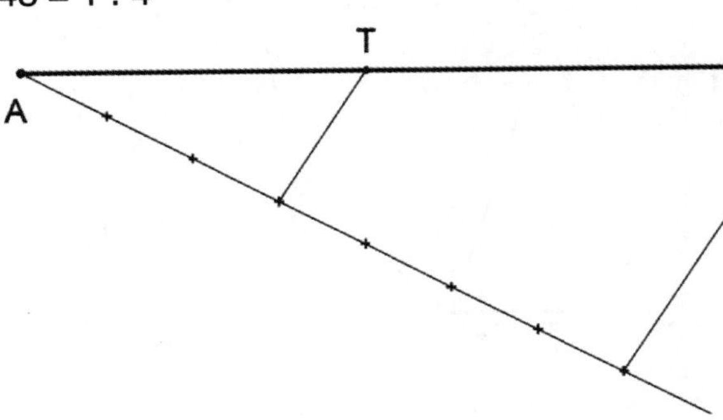

6

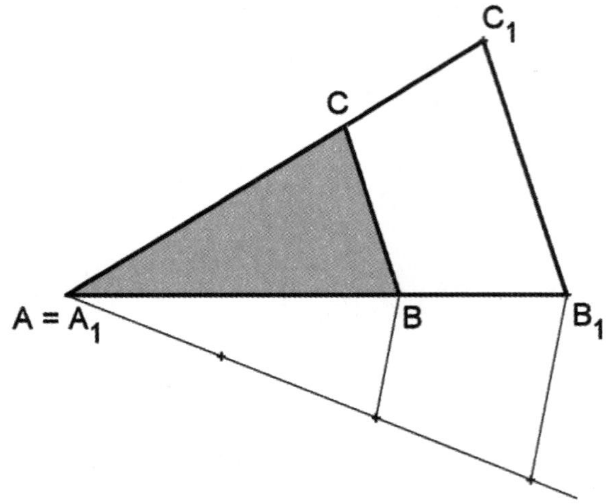


# Körper

## Seite 38

### Kopfübung

Ü1

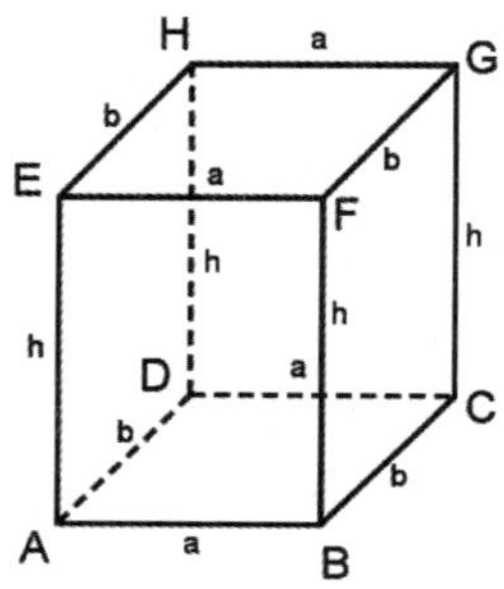


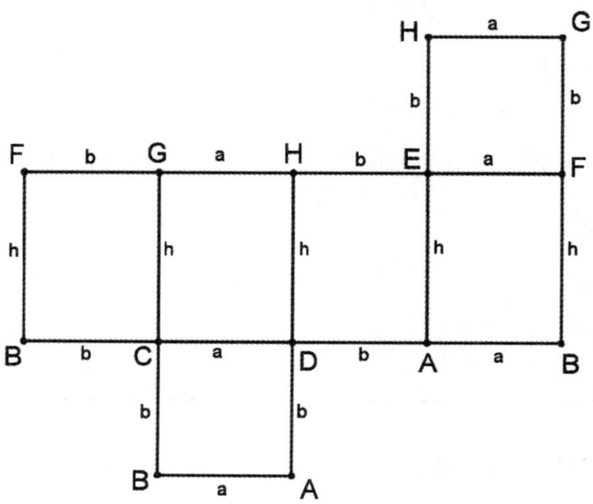


Ü2

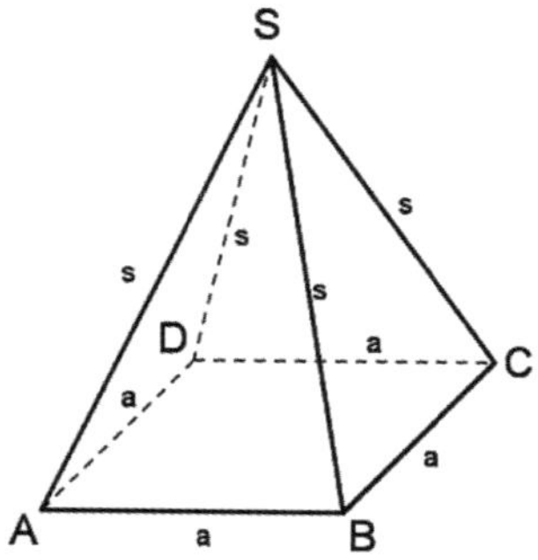


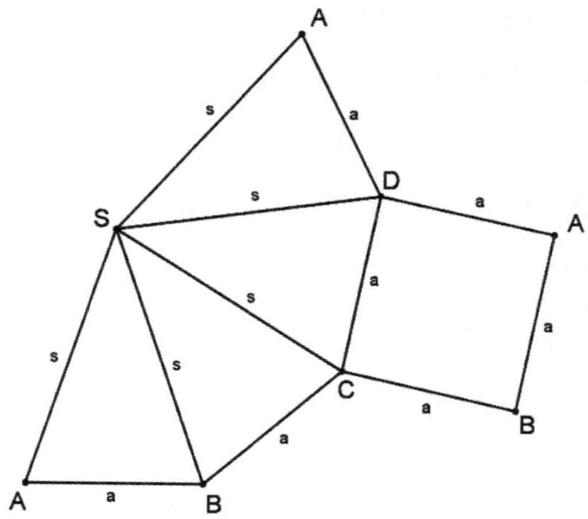

**Ü3** ☒ $V = G \cdot h$ ☐ $V = G + h$ ☐ $V = (2a + 2b) \cdot c$

☐ $V = 2G + h$ ☒ $V = a \cdot b \cdot c$ ☐ $V = (a + b) \cdot h$

**Ü4** ☐ $O = G + M$ ☐ $O = 2G + h$ ☒ $O = 2 \cdot (a \cdot b + a \cdot c + b \cdot c)$

☒ $O = 2G + M$ ☐ $O = G + h$ ☐ $O = 2 \cdot a \cdot b + a \cdot c + b \cdot c$

---

# Seite 39

**Ü5** $O = 114\ cm^2$, $V = 54\ cm^3$

**Ü6** Grundfläche:

☐ Rechteck ☐ gleichseitiges Dreieck ☒ rechtwinkliges Dreieck

Höhe:

☐ Seitenkante a ☐ Seitenkante b ☒ Seitenkante c

Es entstehen zwei **gleich große Prismen**. Als Grundfläche haben sie ein **rechtwinkliges Dreieck**, die Höhe ist die Seitenkante **c**.

(1) Die Masse dieses Goldstücks beträgt 1 808 g.

(2) Die Höhe muss dreimal so groß sein. Es gilt $h = 195$ mm.

(3) $V = 73\ 173\ mm^3$

(4) Der Pfeiler hat ein Volumen von $0{,}1092\ m^3$ und eine Masse von 262,8 kg.

---

# Seite 40

(5) $m = 166$ g (166,18...)

(6) $\rho = 2\ 344\ kg/m^3$ (2 343,75...)

(7) Man braucht $5\ 472\ m^3$ Erde und 438 Fuhren.

(8) **a)** Im Zelt sind 3,125 $m^3$ Luft.

**b)** Die Folie muss 2,80 m x 2,80 m sein.

(9) ☐ 16 cm ☐ 8 cm ☒ 4 cm ☐ 2 cm

(10) **a)** Man braucht 3,2 $m^2$ Holz.

**b)** $m = 655{,}2$ kg.

# Vorwort

## Liebe Schülerin! Lieber Schüler!

Du hältst ein Übungsbuch in der Hand, das dir helfen soll, auf einfache Art und Weise in Mathematik kompetent zu werden, damit du problemlos in die nächste Klasse aufsteigen kannst. Mit diesem Buch kannst du den gesamten Lehrstoff der 3. Klasse der AHS und der NMS üben.

Zu Beginn jedes Kapitels findest du **Kopfübungen**. Damit wiederholst du wichtige Grundlagen und Rechenschritte. Wichtig ist, dass du diese Aufgaben ohne Nebenrechnungen – also im Kopf – löst.

Die vielen Beispiele helfen dir dabei den Lernstoff zu wiederholen und deine Noten zu verbessern. Um Sicherheit beim Problemlösen und beim Rechnen zu bekommen, musst du aber immer wieder üben. Die Übungsbeispiele in diesem Buch helfen dir, fit in Mathematik zu sein.

Wir wünschen dir viel Erfolg beim Kompetent AUFSTEIGEN in Mathematik.

## Liebe Eltern!

Sie halten ein Übungsbuch in der Hand, das die Kompetenz Ihres Kindes in Mathematik verbessern kann.

Das Übungsbuchbuch zu „Kompetent AUFSTEIGEN in Mathematik“ ist auf die Lernziele, die Ihr Kind im 7. Schuljahr (3. Klasse AHS und NMS) erreichen soll, abgestimmt.
Zum Umgang mit diesem Buch:
Die einzelnen Kapitel beginnen mit **Kopfübungen**, die Ihr Kind ohne Nebenrechnungen lösen soll. Viele Aufgaben, neue Aufgabenformate und Anwendungen in verschiedenen Kontexten sollen die **mathematischen Kompetenzen** vertiefen.
Das beigelegte Lösungsheft ermöglicht eine sichere Kontrolle.

Viel Erfolg für Ihr Kind wünschen Ihnen

Helga Wagner und Günther Wagner

# Ganze Zahlen

## Kopfübung

**Ü1** Setze fort!

(1) –21, –17, –13, ____, ____, ____, ____, ____, 11

(2) –24, –21, –18, ____, ____, ____, ____, ____, ____, ____, 6

(3) 34, 28, 22, ____, ____, ____, ____, ____, ____, ____, –26

**Ü2** Trage die Zahlen –5, +4, –2, 0, +3, –7, 1 auf der Zahlengerade ein!

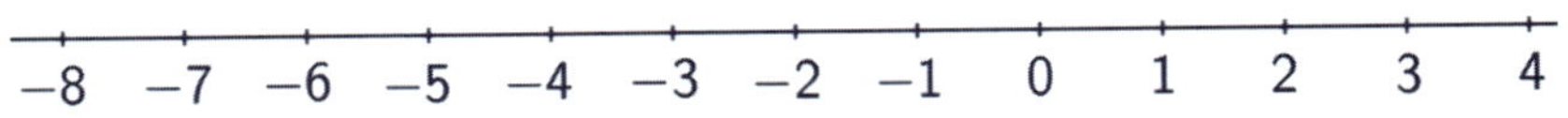


**Ü3** Trage die Zahlen –65, +18, –30, –15, 14, 32 auf der Zahlengerade ein!

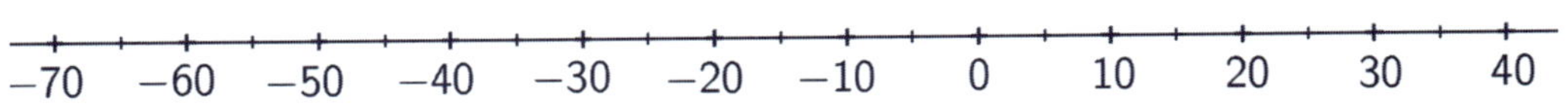


**Ü4** Trage die Zahlen –400, +300, –200, 0, –550, 350 auf der Zahlengerade ein!

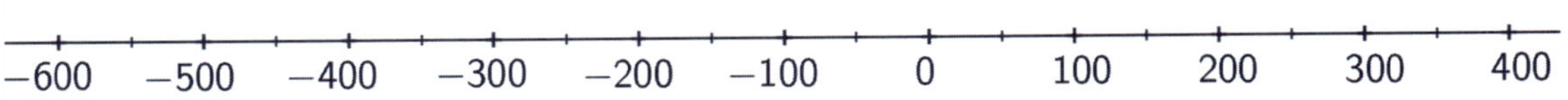


**Ü5** Kreise die kleinste Zahl ein!
–8, –12, –3, 0, –15, –9, –14, –18

**Ü6** Kreise die größte Zahl ein!
–8, –12, –3, 0, –15, –9, –14, –18

**Ü7** Welche Zahl entsteht, wenn man –8 um 12 vermehrt? Kreuze an!

□ –20 □ –4 □ +4 □ +20

**Ü8** Welche Zahl entsteht, wenn man 15 von –22 subtrahiert? Kreuze an!

□ –7 □ –27 □ –37 □ +37

**Ü9** Welche Zahlen sind markiert?

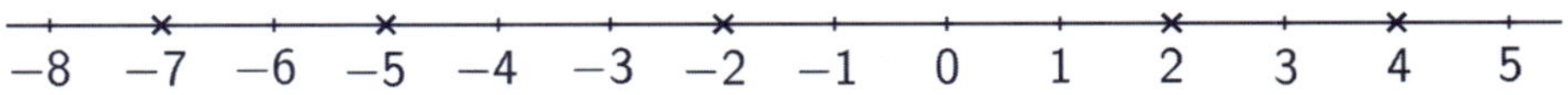


**Ü10** Zeichne die Zahlen, die 4 als Betrag haben, auf der Zahlengerade ein!

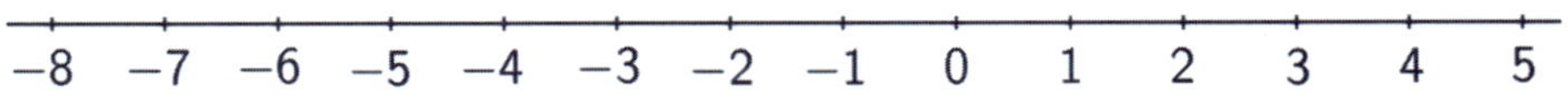

**Ü11** Welche Zahl erhält man, wenn man zu –3 der Reihe nach die Zahlen

a) –5, +2, –4,+5, –3, +10 addiert?

b) +4, –8, –2,+12, –5, +2 addiert?

**Ü12** Von zwei verschiedenen ganzen Zahlen ist die die größere, die

- ☐ den größeren Betrag hat.
- ☐ weiter rechts auf der Zahlengerade liegt.
- ☐ die weiter weg von null liegt.

**1** Berechne!

a) (–5) + (–6) = b) (+10) + (+12) = c) (–15) + (–16) =

d) (+3) + (+24) = e) (–42) + (–24) = f) (+24) + (+96) =

g) (–78) + (–25) = h) (+125) + (+214) = i) (–75) + (–65) =

**2** Berechne!

a) (–4) + (+6) = b) (+13) + (–12) = c) (–26) + (+18) =

d) (+3) + (–24) = e) (–28) + (+24) = f) (+36) + (–96) =

g) (–19) + (+25) = h) (+48) + (–56) = i) (–75) + (+65) =

**3** Berechne! Schreibe die Rechnungen zuerst vereinfacht an!

a) (–5) – (–6) = b) (+15) – (–12) = c) (–7) – (+18) =

d) (–3) – (–24) = e) (–18) – (+24) = f) (+24) – (–6) =

g) (–19) – (+25) = h) (+18) + (–24) = i) (–45) – (+65) =

**4** Verbinde die Rechnungen, die das gleiche Ergebnis haben!

(–3) · (–4) (–3) · (+4) (–3) – (+4)

(–3) + (–4) (+3) · (+4) (+3) · (–4)

**5** Berechne! Schreibe die Rechnungen zuerst vereinfacht an!

a) $(-8) - (-4) + (+9) + (-21) =$ b) $(+8) - (-14) + (-12) - (+65) =$

c) $(-4) - (+12) + (-14) + (+36) =$ d) $(-3) - (-24) - (+24) - (-6) =$

**6** Suche den Fehler!

a) $(-12) - (+4) + (+8) - (-21) =$
$= -12 - 4 + 8 - 21$

b) $(-5) - (-12) + (+12) - (+65) =$
$= 5 + 12 + 12 - 65$

c) $(-3) \cdot (+9) + (-14) : (+2) =$
$= -27 - (-7)$

d) $(-3) + (-24) : (-3) - (+6) =$
$= -27 : (-3) - 6$

**7** Berechne!

a) $-2 + 5 - 7 + 3 - 8 =$ b) $6 - 15 - 7 + 8 + 6 - 2 =$

c) $-14 + 8 - 3 - 9 + 12 - 8 =$ d) $13 - 15 + 14 - 16 - 8 - 7 =$

**8** An einem kalten Wintertag wird um 6:00 Uhr morgens eine Temperatur von –12° C gemessen. Im Laufe des Tages steigt die Temperatur auf –3° C an. Wie hat sich die Temperatur geändert?

**9** Im Wetterbericht werden Frühtemperaturen von –7° C bis –4° C und Tageshöchstwerte von +3° C bis +5° C vorhergesagt.
Gib die größte und die kleinste Änderung zwischen den Frühtemperaturen und den Tageshöchstwerten an!

**10** Das Thermometer zeigt a) +5° C b) –4° C c) 0° C d) +6° C.
Wie viel ° C hat es, wenn die Temperatur um 8° sinkt?

a) _____ b) _____ c) _____ d) _____

**11** Auf der Mondoberfläche gibt es zwischen der Tag- und der Nachtseite große Temperaturunterschiede. Am Tag erreicht die Temperatur +130° C, in der Nacht –160° C. Wie groß ist der Temperaturunterschied auf dem Mond? Kreuze an!

☐ 30° ☐ 130° ☐ 160° ☐ 290°

**12** Kreuze an, welche Zahlen Lösungen für $|x| \geq 3$ sind!

☐ –6 ☐ –5 ☐ –4 ☐ –3 ☐ –2 ☐ –1 ☐ 0 ☐ 1 ☐ 2 ☐ 3 ☐ 4 ☐ 5 ☐ 6

**13** Kreuze die richtigen Lösungen für $|x| < 5$ an!

□ –6 □ –5 □ –4 □ –3 □ –2 □ –1 □ 0 □ 1 □ 2 □ 3 □ 4 □ 5 □ 6

**14** Zeichne die Gegenzahl zu x auf der Zahlengeraden ein!

a) 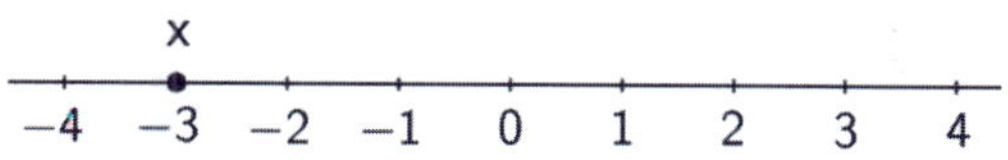


b) 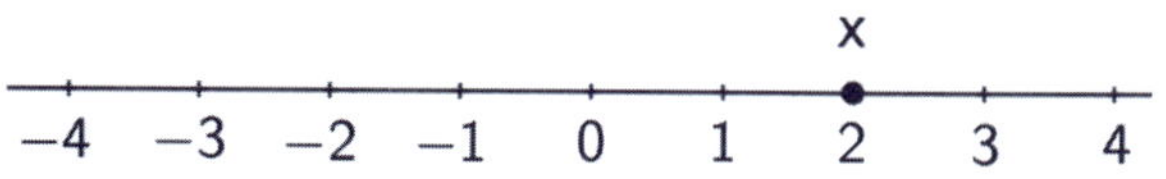


**15** Zeige mit den Zahlen (–4) und (–7), dass das Vertauschungsgesetz (Kommutativgesetz)
a) für die Addition b) für die Multiplikation gilt.

**16** Zeige mit den Zahlen (–3), (+8) und (–9), dass das Verteilungsgesetz (Assoziativgesetz)
a) für die Addition b) für die Multiplikation gilt.

**17** Gilt das Vertauschungsgesetz für die Subtraktion? Überprüfe deine Vermutung mit den Zahlen (–4) und (–7)!

**18** Rom wurde der Sage nach im Jahr 753 v. Chr. (vor Christus) gegründet. In welchem Jahr hat Rom das 2 000-jährige Bestehen gefeiert? Welches Jubiläum kann Rom 2047 feiern?

**19** Tobias will sich ein Fahrrad kaufen, das 274 € kostet. Er hat schon 195 € gespart, den Rest borgt er sich von seiner Oma aus.
a) Wie viele Schulden hat Tobias bei seiner Oma?
b) Zum Geburtstag lässt ihm seine Oma 60 € der Schulden nach. Wie viel schuldet er ihr jetzt noch?

**20** Ordne die Zahlen der Größe nach, beginne mit der kleinsten Zahl!

a) $-5, |-7|, +8, |-3|, 0, -4, |+6|$ b) $-4, |-9|, |-7|, 0, -3, |+2|, +6$

**21** Setze <, =, > ein!

a) –5 ____ –6 b) +15 ____ –12 c) –9 ____ –8

d) |+2| ____ |–2| e) |–3| ____ |+3| f) |–6| ____ 0

**22** Richtig oder falsch?

a) $-|-8| > 0$ r / f b) $-|-8| < -|+8|$ r / f c) $|-8| > 0$ r / f

# Rationale Zahlen

## Kopfübung

**Ü1** Berechne! Ordne den richtigen Buchstaben zu!

| | |
|---|---|
| $\left(-1\frac{2}{3}\right)-\left(+\frac{1}{3}\right)=$ ☐ | A $-4$ |
| $\left(-1\frac{2}{3}\right)-\left(-\frac{1}{3}\right)=$ ☐ | B $-1\frac{1}{3}$ |
| $\left(-1\frac{2}{3}\right)-\left(+2\frac{1}{3}\right)=$ ☐ | C $-2$ |
| $\left(-1\frac{2}{3}\right)+\left(+1\frac{1}{3}\right)=$ ☐ | D $-\frac{1}{3}$ |

**Ü2** Berechne! Ordne den richtigen Buchstaben zu!

| | |
|---|---|
| $-2{,}5-(+1{,}5)=$ ☐ | A $-4$ |
| $+4{,}5-(-0{,}5)=$ ☐ | B $-5$ |
| $-2{,}7+(-2{,}3)=$ ☐ | C $-3$ |
| $-2{,}4+(-0{,}6)=$ ☐ | D $5$ |

**Ü3** Kreuze die richtige Vereinfachung für die Rechnung an und berechne!

$(-4{,}3)-(+0{,}7)+(-2{,}5)-(-3{,}5)=$

- ☐ $-4{,}3-0{,}7+2{,}5-3{,}5=$
- ☐ $-4{,}3-0{,}7+2{,}5+3{,}5=$
- ☐ $-4{,}3-0{,}7-2{,}5+3{,}5=$
- ☐ $4{,}3-0{,}7-2{,}5+3{,}5=$
- ☐ $4{,}3+0{,}7-2{,}5+3{,}5=$
- ☐ $4{,}3+0{,}7+2{,}5+3{,}5=$

**Ü4** Ordne der Größe nach! Schreibe eine Ordnungskette, beginne mit der kleinsten Zahl!

$-2{,}5 \quad -4{,}3 \quad 2{,}5 \quad -1{,}8 \quad 0 \quad 1{,}4$

**Ü5** Ordne der Größe nach! Schreibe eine Ordnungskette, beginne mit der größten Zahl.

$2\frac{1}{3} \quad -2{,}4 \quad -2\frac{9}{10} \quad -1{,}7 \quad 0 \quad 1\frac{3}{10} \quad -0{,}5$

**Ü6** Kreise die kleinste Zahl ein!

$-2\frac{1}{4} \quad -2\frac{1}{2} \quad -2\frac{3}{4} \quad -2\frac{1}{6}$

**Ü7** Kreise die größte Zahl ein!

$-4\frac{1}{2}$ $-4\frac{1}{6}$ $-4\frac{3}{4}$ $-4\frac{1}{4}$

**Ü8** Welche Zahl entsteht, wenn man −2,5 um $1\frac{1}{2}$ vermehrt? Kreuze an!

☐ +4 ☐ +1 ☐ −1 ☐ −4

**Ü9** Welche Zahl entsteht, wenn man −2,5 von $1\frac{1}{2}$ subtrahiert? Kreuze an!

☐ +4 ☐ +1 ☐ −1 ☐ −4

**1** Zeichne die Zahlen −2,5 $-\frac{1}{2}$ $+1\frac{3}{4}$ $-1\frac{1}{4}$ 0,8 auf einer Zahlengerade ein!

**2** Setze <, >, =!

a) $-\frac{3}{4}$ __ $-\frac{1}{4}$ b) $-1\frac{1}{4}$ __ $-2\frac{3}{4}$ c) $-\frac{7}{10}$ __ $-\frac{9}{10}$

d) $-3\frac{5}{9}$ __ $-3\frac{1}{2}$ e) $-\frac{1}{4}$ __ $-2\frac{1}{4}$ f) $-3\frac{1}{2}$ __ $-\frac{7}{2}$

**3** Ordne die Zahlen −2,3 $-2\frac{1}{2}$ $-1\frac{3}{4}$ $-1\frac{2}{3}$ $-2\frac{2}{3}$ der Größe nach, beginne mit der kleinsten Zahl!

**4** Berechne!

a) $\left(-\frac{3}{4}\right)+\left(-\frac{1}{4}\right)=$ b) $\left(-\frac{6}{7}\right)+\left(-\frac{3}{7}\right)=$ c) $\left(-\frac{5}{6}\right)+\left(-\frac{7}{6}\right)=$

d) $\left(-\frac{8}{3}\right)+\left(-\frac{5}{3}\right)=$ e) $\left(-\frac{1}{4}\right)+\left(-2\frac{1}{4}\right)=$ f) $\left(-3\frac{1}{2}\right)+\left(-2\frac{1}{2}\right)=$

g) $(-6{,}3)+(-2{,}4)=$ h) $(-8{,}5)+(-9{,}7)=$ i) $(-27{,}8)+(-49{,}5)=$

**5** Berechne!

a) $\left(-\frac{3}{4}\right)+\left(+\frac{1}{2}\right)=$ b) $\left(+\frac{8}{5}\right)+\left(-\frac{1}{2}\right)=$ c) $\left(-\frac{7}{3}\right)+\left(+\frac{5}{6}\right)=$

d) $\left(+2\frac{1}{5}\right)+\left(-\frac{3}{10}\right)=$ e) $\left(-9\frac{1}{4}\right)-\left(-\frac{5}{4}\right)=$ f) $\left(-2\frac{1}{6}\right)-\left(-\frac{5}{9}\right)=$

g) $(-3{,}4)+(+7{,}8)=$ h) $(+3{,}6)-(+4{,}2)=$ i) $(-16{,}5)-(-5{,}8)=$

**6** Berechne!

a) $\left(-\frac{3}{4}\right)\cdot\left(+\frac{8}{9}\right)=$ b) $\left(+\frac{3}{10}\right)\cdot\left(-\frac{5}{6}\right)=$ c) $\left(-\frac{8}{5}\right)\cdot\left(+\frac{5}{6}\right)=$

d) $\left(+3\frac{1}{5}\right)\cdot\left(-1\frac{1}{4}\right)=$ e) $\left(-9\frac{1}{4}\right)\cdot\left(-\frac{8}{37}\right)=$ f) $\left(-2\frac{1}{6}\right)\cdot\left(-\frac{2}{39}\right)=$

**7** Berechne!

a) $\left(-\frac{5}{9}\right):\left(+\frac{8}{9}\right)=$  b) $\left(+\frac{7}{10}\right):\left(-\frac{14}{13}\right)=$  c) $\left(-1\frac{7}{9}\right):\left(+\frac{8}{9}\right)=$

d) $\left(+4\frac{1}{5}\right):\left(-1\frac{3}{4}\right)=$  e) $\left(-4\frac{1}{2}\right):\left(-2\frac{1}{4}\right)=$  f) $\left(-2\frac{2}{3}\right):\left(-\frac{4}{9}\right)=$

**8** Berechne!

a) $\left(-\frac{3}{4}\right)-\left(+\frac{27}{5}\right)\cdot\left(-\frac{10}{3}\right)=$  b) $\left(+\frac{1}{3}\right):\left(-\frac{4}{15}\right)-\left(+\frac{9}{4}\right)\cdot\left(-\frac{2}{3}\right)=$

c) $\left(-1\frac{1}{2}\right)-\left(-2\frac{1}{2}\right)\cdot\left(+1\frac{2}{3}\right)=$  d) $\left(+2\frac{1}{3}\right):\left(-\frac{14}{15}\right)+\left(-2\frac{3}{4}\right)\cdot\left(+2\frac{2}{3}\right)=$

**9** Berechne!

a) –3,5 · (12,3 – 14,9) =  b) (10 – 12,8) : (14,3 – 15) =

c) (76,5 – 90) · (–0,4) – 8,3 =  d) (–5,6) : (+0,14) – (–4,8) : (+0,04) =

**10** Beim Formel 1-Rennen in Monaco am 24. 5. 2015 wurde das folgende Insert in der 6. Runde eingeblendet:

| | Sektor 1 | Sektor 2 | Sektor 3 |
|---|---|---|---|
| Lewis Hamilton | 21,362 | 38,105 | 22,121 |
| Nico Rosberg | –0,072 | –0,247 | +0,132 |

Die Strecke wurde in 3 Sektoren geteilt, in der jeweils die Zeit in Sekunden gemessen wurde. –0,072 bedeutet, dass Rosberg in diesem Sektor um 0,072 Sekunden schneller war als Hamilton.
War der spätere Sieger Rosberg in dieser Runde schneller oder langsamer als Hamilton? Berechne auch die Zeiten für die 6. Runde für beide Piloten!

**11** a) Trage in die Tabelle ein und berechne, um wie viel sich der Kontostand ändert! Miete 359,20 €, Strom: 123,75 €, Gehalt: 2 368,40 €, Handyrechnung: 20 €, Autoversicherung: 45,30 €.

| Abhebungen | Einzahlungen |
|---|---|
| | |
| | |
| | |
| | |

b) Wie hoch ist der neue Kontostand, wenn das Konto vor diesen Buchungen ein Guthaben von 132,50 € hatte?

c) Wie hoch war der alte Kontostand, wenn nach diesen Buchungen ein Guthaben von 514,30 € auf dem Konto ist?

# Rechnen mit Variablen

## Kopfübung

**Ü1**

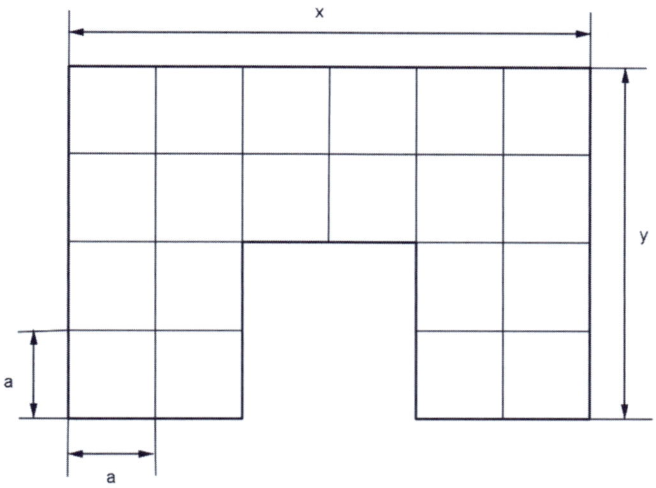


a) Gib x und y durch a an!

x =     y =

b) Kreuze die beiden richtigen Ausdrücke an!

(1) ☐ $A = 20\,a^2$  ☐ $A = 6a \cdot 4a$  ☐ $A = x \cdot y - a \cdot a \cdot 4$  ☐ $A = 2x \cdot 2y - 4a^2$

(2) ☐ $u = 2x + 2y + 4a$  ☐ $u = 2x + 2y$  ☐ $u = 2x + 2y - 4a$  ☐ $u = 24a$

**Ü2** Welcher Term passt?

Michael hat in seinem Aquarium 10-mal so viele Neonfische wie Guppys. Wie viele Fische hat er im Aquarium?

☐ $10\,x$  ☐ $x + 10$  ☐ $x + 10\,x$

**Ü3** Addiere zu einer Zahl das Fünffache einer anderen Zahl!

☐ $x + 5x$  ☐ $x + 5y$  ☐ $x + 5$

**Ü4** Berechne! Ordne den richtigen Buchstaben zu!

| | |
|---|---|
| $x + 3x + 7x - 8x =$ | |
| $x - 3x + 7x - 8x =$ | |
| $x + 3x - 7x + 8x =$ | |
| $-x + 3x + 7x - 8x =$ | |

| | |
|---|---|
| A | $5x$ |
| B | $3x$ |
| C | $-3x$ |
| D | $x$ |

**Ü5** Berechne! Ordne den richtigen Buchstaben zu!

| | |
|---|---|
| $2a + 4b + 7a - 8b =$ | |
| $2a - 4b + 7a - 8b =$ | |
| $2a + 4b - 7a + 8b =$ | |
| $-2a + 4b + 7a - 8b =$ | |

| | |
|---|---|
| A | $9a - 12b$ |
| B | $-5a + 12b$ |
| C | $5a - 4b$ |
| D | $9a - 4b$ |

**Ü6** Setze den Buchstaben für die richtige Lösung ein!

| | |
|---|---|
| $x^2 \cdot x^3 =$ | |
| $(x^2)^3 =$ | |
| $x^6 : x^4 =$ | |
| $x \cdot x^3 =$ | |

| | |
|---|---|
| A | $x^2$ |
| B | $2x^5$ |
| C | $x^5$ |
| D | $2x^4$ |
| E | $x^4$ |
| F | $x^6$ |

**Ü7** Ordne zu!

| | |
|---|---|
| $2x^2 \cdot 3x^3 =$ | |
| $(2x^2)^3 =$ | |
| $6x^2 : 3x =$ | |
| $2x \cdot x^3 =$ | |

| | |
|---|---|
| A | $8x^6$ |
| B | $6x^5$ |
| C | $x^5$ |
| D | $2x^4$ |
| E | $2x$ |
| F | $5x^6$ |

**Ü8** Kreuze die richtige Lösung an!

$2^3 =$ ☐ $2 \cdot 3$ ☐ $2 \cdot 2 \cdot 2$ ☐ $2 + 3$

$3^4 =$ ☐ $3 + 4$ ☐ $3 \cdot 3 \cdot 3 \cdot 3$ ☐ $3 \cdot 4$

$(-3)^2$ ☐ $(-3) \cdot (-3)$ ☐ $-3 \cdot 2$ ☐ $-3 + 2$

**Ü9** Welche Zahl ist dargestellt?

$3 \cdot 10^7$ ☐ 3 000 000 ☐ 30 000 000 ☐ 31 000 000

**Ü10** Verbinde!

| |
|---|
| $x \cdot x \cdot x \cdot x =$ |
| $x + x + x + x =$ |
| $x^2 \cdot x^3 =$ |
| $x^8 : x^2 =$ |

| |
|---|
| $x^6$ |
| $x^5$ |
| $x^4$ |
| $4x$ |

**Ü11** Kreuze die richtige Lösung an!

$(2x - y)^2 =$ ☐ $4x^2 - 4xy - y^2$ ☐ $4x^2 - 2xy - y^2$ ☐ $4x^2 - 4xy + y^2$

**Ü12** Kreuze die richtige Lösung an!

$(x + y)^2 =$ ☐ $x^2 + y^2$ ☐ $x^2 + xy + y^2$ ☐ $x^2 + 2xy + y^2$

**1** Berechne und mache die Probe mit den angegebenen Zahlen!

a) $3x - 4y + 7y - 8x - x =$ $x = 2, y = 3$

b) $-3a - 4b - 2a + 8b - 9a + 5a =$ $a = 3, b = -2$

c) $x - 3x + 7x - 2x + 9x - 8x + 3x =$ $x = 2$

**2** Gib eine Formel für den Umfang und den Flächeninhalt der folgenden Figur an und berechne dann den Umfang und den Flächeninhalt für a = 2 cm und b = 4 cm!

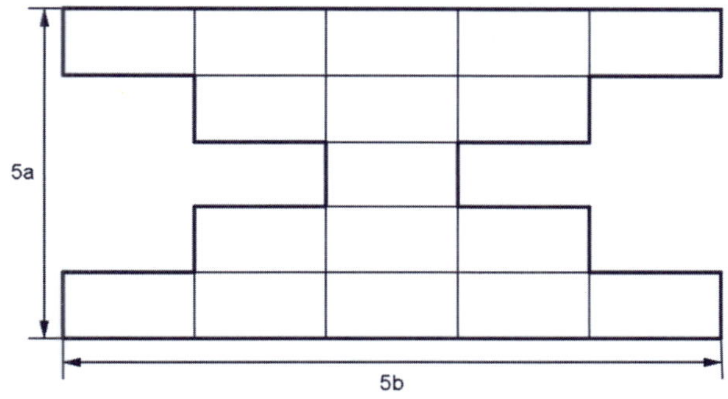


**3** Berechne und mache die Probe mit den angegebenen Zahlen!

a) $7a + 3b - (2b - 4a) =$ $a = 2, b = 1$

b) $(2x - 4y) + (2x + 3y) - (8x + 3y) =$ $x = 2, y = 5$

c) $-5x + 8y - (2x + 3y) - (-x + 4y) =$ $x = 2, y = 5$

**4** Berechne und kreuze die richtige Lösung an!

a) $3y - 2x - \{2x - [y + 2x - (x + 3y)]\} =$

☐ $3x - y$ ☐ $-3x + y$ ☐ $2y + 4x$

b) $a - \{3a - 2b - [-a - (3a - 2b) - 4b]\} =$

☐ $-6a$ ☐ $6a - 4b$ ☐ $6a + 4b$

**5** Berechne!

a) $4a \cdot 3b =$
b) $7x \cdot 3x =$
c) $x^2 \cdot 5x =$
d) $2a \cdot (-4b) =$
e) $-3a \cdot 5a =$
f) $(-4a) \cdot (-7a^2) =$
g) $3a^2 \cdot (-2a) \cdot (-a) =$
h) $5x^2 \cdot (-2x) \cdot (-4x) =$
i) $2x \cdot (-3x) \cdot \frac{x}{2} =$

**6** Berechne!

a) $3x \cdot (4x - 5) =$
b) $a^2 \cdot (2a + 4) =$
c) $xy \cdot (x - y) =$
d) $4a \cdot (3a^2 - 7a) =$
e) $a^2b \cdot (3a - 2b) =$
f) $rs \cdot (s^2 - r^2) =$
g) $2xy \cdot (x - 2y) =$
h) $4a^2 \cdot (a^2 - 1)$
i) $x^2 \cdot (2x - 5) =$

**7** Schreibe die Rechnung als Potenz an und berechne!

a) $3 \cdot 3 \cdot 3 \cdot 3 =$
b) $(-2) \cdot (-2) \cdot (-2) =$
c) $\frac{1}{2} \cdot \frac{1}{2} \cdot \frac{1}{2} \cdot \frac{1}{2} =$
d) $(-2) \cdot (-2) \cdot (-2) \cdot (-2) =$
e) $\left(-\frac{2}{3}\right) \cdot \left(-\frac{2}{3}\right) \cdot \left(-\frac{2}{3}\right) =$
f) $(-1) \cdot (-1) \cdot (-1) =$
g) $(-1) \cdot (-1) \cdot (-1) \cdot (-1) =$
h) $(-4) \cdot (-4) =$
i) $-2 \cdot 2 \cdot 2 \cdot 2 =$

**8** Ergänze, setze richtig ein! (Multiplizieren / Potenzieren)

Das Multiplizieren von gleichen Faktoren kann durch das ________________ ersetzt werden, die Addition gleicher Summanden durch das ________________.

**9** Ordne richtig zu!

| | |
|---|---|
| r + r + r = | |
| r · r · r = | |
| 3a · 3a · 3a = | |
| 3a + 3a + 3a = | |

| | |
|---|---|
| A | 9a |
| B | $9a^3$ |
| C | $r^3$ |
| D | 3r |
| E | $27a^3$ |
| F | $3r^3$ |

**10** Ordne richtig zu!

| | |
|---|---|
| 2a · 2a · 2a | |
| (–2a) · (–2a) · (–2a) = | |
| – 2 · (–a) · (–a) · (–a) = | |
| –2 · a · a · a = | |

| | |
|---|---|
| A | $-8a^3$ |
| B | $6a^3$ |
| C | $-2a^3$ |
| D | $8a^3$ |
| E | $2a^3$ |
| F | $-6a^3$ |

**11** Verbinde die gleichen Zahlen!

$10^5$ | $10^6$ | 100 000 | 1 000 000

1 000 | $10^2$ | $10^3$ | 100

**12** Kreuze die richtige Zahl an!

a) $2,3 \cdot 10^4$ ☐ 2 300 ☐ 23 000 ☐ 230 000

b) $4,59 \cdot 10^7$ ☐ 450 900 000 ☐ 4 590 000 000 ☐ 45 900 000

c) $1,4 \cdot 10^6$ ☐ 1 400 000 ☐ 14 000 000 ☐ 1 460 000

**13** Berechne!

a) $3 \cdot (-2)^2 =$ b) $7 \cdot (-3)^2 - (-4)^2 =$ c) $5^2 - (-2)^3 + (-3)^3 =$

d) $(-1)^2 - (-1)^3 + (-1)^4 =$ e) $(-2)^3 + (-2)^2 + (-2)^4 =$ f) $(-5)^2 + (-5)^0 + (-5) =$

---

**14** Vervollständige die folgenden Sätze so, dass sie mathematisch korrekt sind!

a) Potenzen mit derselben Basis werden multipliziert, indem ______①______ ______②______ werden.

| ① | |
|---|---|
| die Koeffizienten | ☐ |
| die Basen | ☐ |
| die Exponenten | ☐ |

| ② | |
|---|---|
| addiert | ☐ |
| multipliziert | ☐ |
| potenziert | ☐ |

b) Eine Potenze wird potenziert, indem ______①______ ______②______ werden.

| ① | |
|---|---|
| die Koeffizienten | ☐ |
| die Basen | ☐ |
| die Exponenten | ☐ |

| ② | |
|---|---|
| addiert | ☐ |
| multipliziert | ☐ |
| potenziert | ☐ |

---

**15** Ergänze die Formeln!

a) $(a \cdot b)^n =$ b) $a^r \cdot a^s =$ c) $\left(a^r\right)^s =$

---

**16** Berechne! Welche Formel bzw. welche Formeln musst du verwenden? Kreuze sie an!

| | $(a \cdot b)^n$ | $a^r \cdot a^s$ | $\left(a^r\right)^s$ | Ergebnis |
|---|---|---|---|---|
| $a^3 \cdot a^2$ | ☐ | ☐ | ☐ | |
| $(2x)^3$ | ☐ | ☐ | ☐ | |
| $(-xy)^4$ | ☐ | ☐ | ☐ | |
| $\left(x^2\right)^3$ | ☐ | ☐ | ☐ | |
| $\left(-2x^3\right)^2$ | ☐ | ☐ | ☐ | |
| $a \cdot a^4$ | ☐ | ☐ | ☐ | |

---

**17** Verbinde, was zusammengehört!

| |
|---|
| $4x \cdot (x - 1)$ |
| $x \cdot (4 - 2x)$ |
| $x \cdot (2x - 4)$ |
| $4x \cdot (2x - 1)$ |

| |
|---|
| $4x - 2x^2$ |
| $2x^2 - 4x$ |
| $8x^2 - 4x$ |
| $4x^2 - 4x$ |

**18** Berechne und mache die Probe für $x = 2$, $y = 3$!

a) $5x \cdot (3x - 2y) - x \cdot (x + 2y) =$

b) $xy \cdot (x - 3y) + y \cdot (2x^2 + 5y) =$

c) $x \cdot (x + 2y) - 4 \cdot (x^2 - 3xy) =$

d) $2xy - 3x \cdot (2y - 4) + 2y \cdot (2 - x) =$

**19** Suche den Fehler!

a) $a \cdot (2ab - ab^2) =$
$= 2a^2b - 2a^2b^2$

b) $(2x - xy) \cdot (x - 3y) =$
$= 2x^2 - x^2y - 6xy - 3xy^2$

c) $x - [(x + 2y) - (x^2 - 3xy)] =$
$= x - [x + 2y - x^2 - 3xy]$

d) $2xy + 3x + (3y - 2x) - 2y \cdot (2 - x) =$
$= 2xy + 3x + 3y - 2x - 4y + 4xy$

**20** Berechne!

a) $(2x - 3y) \cdot (2x + 5y) + (x - 2y) \cdot (y + 4x) =$

b) $(a + b) \cdot (a + 4b) - (2a - 3b) \cdot (a - b) =$

c) $(3a - 1) \cdot (2 - 5a) - (6a - 2) \cdot (1 - 4a) =$

**21** Berechne!

a) $(2x^2 - 3y^2) \cdot (2x^2 + 5y^2) =$

b) $(a^2 - a^2b^2 + b^2) \cdot (a^2 - b^2) =$

**22** Richtig oder falsch? Kreuze an!

| | r | f |
|---|---|---|
| $(a+b)^2 = a^2 + b^2$ | ☐ | ☐ |
| $(a-b)^2 = a^2 - 2ab - b^2$ | ☐ | ☐ |
| $(a-b)^2 = a^2 - b^2$ | ☐ | ☐ |
| $(a+b)^2 = a^2 + 2ab + b^2$ | ☐ | ☐ |
| $(a-b)^2 = a^2 - 2ab + b^2$ | ☐ | ☐ |

**23** Berechne!

a) $(x - 2y)^2 =$

b) $(2x + 3y)^2 =$

c) $(x - 4y)^2 =$

d) $(4x - 1)^2 =$

e) $(3 - 5z)^2 =$

f) $(4a - 2b)^2 =$

**24** Verbinde, was zusammengehört!

| | |
|---|---|
| $(3x-2)^2$ | $9x^2-4$ |
| $(3x-2)\cdot(3x+2)$ | $9x^2-12x+4$ |
| $(3x+2)^2$ | $4-12x+9x^2$ |
| $(2-3x)^2$ | $9x^2+12x+4$ |

**25** Berechne!

a) $(x+2y)^2=$ b) $(2x-3y)^2=$ c) $(x-8y)^2=$

d) $(2x-1)^2=$ e) $(3z-5)^2=$ f) $\left(4a-\frac{b}{2}\right)^2=$

**26** Berechne!

a) $(x-2y)\cdot(x+2y)=$ b) $(x-0{,}5)\cdot(x+0{,}5)=$ c) $(3a-2b)(3a+2b)=$

**27** Berechne!

a) $(3x-2y)^2-(4x+y)^2=$ b) $(4a-3b)\cdot(a+3b)+(2a+3b)^2=$

c) $(x+4y)^2-(x-2y)\cdot(x+2y)=$ d) $(a+b)^2-(a-b)^2=$

e) $(x-7)^2-(x-3)\cdot(x+4)=$ f) $(2a+3b)^2-5\cdot(4a^2-9b^2)=$

**28** Forme die gegebenen Terme durch Herausheben in ein Produkt um!

a) $3a^2b-2ab^2=$ b) $x^3-3x^2=$ c) $24ab^3+18a^2b^2=$

d) $7x^2-7x=$ e) $15a^2-3a=$ f) $16a^4b^2+16a^2b^4=$

**29** Stelle die rechte Seite richtig!

a) $12x^2b-2xb^2=2xb\cdot(10x-b)$ b) $x^3-3x^2+x=x\cdot(x^2-3x)$

c) $4a^2-9b^2=(4a-3b)\cdot(4a-3b)$ d) $(2a+3b)^2=4a^2+9b^2$

**30** Verbinde, was zusammengehört!

| | |
|---|---|
| $20x+5y$ | $5x\cdot(4+y)$ |
| $20x^2y+5xy^2$ | $5x\cdot(4x+y^2)$ |
| $20x+5xy$ | $5\cdot(4x+y)$ |
| $20x^2+5xy^2$ | $5xy\cdot(4x+y)$ |

# Gleichungen

## Kopfübung

**Ü1** Wann liegt keine Äquivalenzumformung vor? Kreuze diese zwei Aussagen an!

☐ $2x - 5 = 3x - 9$
$2x = 3x - 4$

☐ $x - 27 = 2x + 38$
$x = 65$

☐ $\frac{x}{2} = \frac{x}{4} - 6$
$\frac{x}{4} = -6$

☐ $2 - x = 8$
$x = 6$

**Ü2** Gib die Äquivalenzumformungen an!

a)
$6x - 4 = 2x + 20$ |
$4x - 4 = 20$ |
$4x = 24$ |
$x = 6$

b)
$\frac{x}{2} - \frac{3}{2} = 7 - x$ |
$\frac{x}{2} = \frac{17}{2} - x$ |
$\frac{3x}{2} = \frac{17}{2}$ |
$3x = 17$ |
$x = \frac{17}{3}$

**Ü4** Das Quadrat einer Zahl ist um 10 kleiner als das Produkt der Zahl mit ihrem Nachfolger! Welche zwei Gleichungen erfüllen diese Bedingung? Kreuze sie an!

☐ $x^2 + 10 = x \cdot (x + 1)$ ☐ $x^2 + 10 = x + (x + 1)$

☐ $x^2 = 10x \cdot (x + 1)$ ☐ $x^2 = x \cdot (x + 1) - 10$

**Ü5** Löse die Gleichung $(x - 3)^2 = (2x + 3)^2 - x \cdot (3x - 2) + 20$!

1. Ausrechnen: Kreuze den richtigen Term an!
   - ☐ $x^2 - 6x - 9 = 4x^2 + 12x + 9 - 3x^2 + 2x + 20$
   - ☐ $x^2 - 6x + 9 = 4x^2 + 12x + 9 - 3x^2 + 2x + 20$
   - ☐ $x^2 - 6x + 9 = 4x^2 + 12x + 9 - 3x^2 - 2x + 20$
2. Zusammenfassen: Kreuze den richtigen Term an!
   - ☐ $x^2 - 6x + 9 = x^2 + 14x + 29$
   - ☐ $x^2 - 6x + 9 = 2x^2 + 14x + 29$
   - ☐ $x^2 - 6x + 9 = x^2 + 14x + 11$
3. Äquivalenzumformungen: Kreuze den richtigen Term an!
   - ☐ $-20x = -20$
   - ☐ $20x = -20$
   - ☐ $-20x = 20$
4. Äquivalenzumformungen: Kreuze die richtige Lösung an!

   ☐ $-x = -1$ ☐ $x = -1$ ☐ $x = 1$

**1** Löse die Gleichung und mache die Probe!

a) $7x - 28 = 5x - 16$ b) $40 - x = 3x + 8$ c) $3{,}5x - 8{,}6 = 7{,}4 - 1{,}5x$

d) $9x - 3{,}5x = 0{,}5x + 15$ e) $\frac{x}{2} - \frac{3}{4} = 7 - 2x$ f) $\frac{3x}{4} - 1 = 5$

**2** Löse die Gleichung und mache die Probe!

a) $2x - [3x + (x - 5)] = x - 4 - (5x - 2)$

b) $8 - [7x - (9x - 3) + 8] = 5x - 3 \cdot (2x - 6)$

**3** Löse die Gleichung und mache die Probe!

a) $(x - 2)^2 = (x - 5)^2$ b) $(2x - 1)^2 = (3x - 2) \cdot (3x + 2) - 5 \cdot (x^2 - x + 8)$

c) $(2x - 4) \cdot (2x + 1) = (2x - 2)^2$ d) $x \cdot (x + 1) = (x + 1)^2 - 9$

**4** Schreibe eine Gleichung an und löse sie. Vergiss nicht auf die Antwort und die Probe!

Eine Flasche Fruchtsaft kostet um 1 € 50 c mehr als eine Flasche Mineralwasser. Maria kauft jeweils eine Flasche und bezahlt 2 € 80 c. Wie viel kostet eine Flasche Mineralwasser, wie viel eine Flasche Fruchtsaft?

**5** Schreibe als Gleichung an und berechne!

Beim letzten Handballmatch hat Silvia um 3 Tore mehr erzielt als Hannah, Hannah hat doppelt so viele Tore geschossen wie Rebecca. Insgesamt hat ihre Mannschaft 33 Tore geschossen. Wie oft hat jedes Mädchen ins Tor getroffen?

**6** Schreibe als Gleichung an und berechne!

Selma gibt ihrem Bruder ein Rätsel: Wenn ich von meinem ersparten Geld ein Drittel ausgebe und diesen Betrag dann halbiere, habe ich 623 €. Wie viel Geld hat Selma gespart?

**7** Herr Bayer bekommt für sein Fahrrad im Ausverkauf 25 % Rabatt und bezahlt 276 €.
Mit welcher Gleichung kann er den ursprünglichen Preis berechnen?
Kreuze an und löse die Gleichung!

☐ $0{,}25\,x = 276$ ☐ $x - 0{,}25\,x = 276$ ☐ $x - 0{,}25 = 276$

**8** Forme nach jeder vorkommenden Variable um!

$F = m \cdot a$ (Kraft = Masse mal Beschleunigung)

**9** Der Zusammenhang zwischen Weg, Geschwindigkeit und Zeit wird durch die Formel $s = v \cdot t$ beschrieben.

a) Gib die Formel für v und für t an!

b) Richtig oder falsch? Begründe mit einer Rechnung!

(1) Ein Auto fährt 60 km weit mit einer Geschwindigkeit von 90 km/h und braucht dafür 30 Minuten.

(2) Ein Auto fährt 135 km weit mit einer Geschwindigkeit von 90 km/h und braucht dafür 1 Stunde 30 Minuten.

---

**10** Forme die Formel $a \cdot b - c = d$ nach den Variablen a, b und c um. Verwende die angegebenen Gleichungen! Gib auch die Äquivalenzumformungen an!

| Umformung nach a: | Umformung nach b: | Umformung nach c: |
| --- | --- | --- |
| $a \cdot b - c = d$ | $a \cdot b - c = d$ | $a \cdot b - c = d$ |

$a = \frac{c+d}{b}$ $\quad a \cdot b = c + d \quad$ $c = a \cdot b - d$

$-c = d - a \cdot b \quad$ $b = \frac{c+d}{a} \quad$ $a \cdot b = c + d$

---

**11** Das Volumen einer quadratischen Pyramide errechnet man mit der Formel $V = \frac{a^2 \cdot h}{3}$.

a) Leite die Formel für die Höhe h her.

b) Kontrolliere die ursprüngliche und die umgeformte Formel mit den Werten:
$a = 7$ cm, $h = 18$ cm, $V = 294$ $cm^3$!

---

**12** Verlängert man in einem Quadrat die Seitenlänge um 3 cm, wird der Flächeninhalt um 27 $cm^2$ größer. Berechne die Seitenlängen der beiden Quadrate.

---

**13** Welche Gleichung passt zum Text?
Addiert man zum Dreifachen einer Zahl die Zahl selbst, so erhält man die um 12 vermehrte Zahl!

☐ $3 + x = x + 12$ ☐ $3 + x = 12x$ ☐ $3x + x = x + 12$

Gib die Lösung an: _____

---

**14** Welche Gleichung passt zum Text?
Multipliziert man eine Zahl mit ihrem Nachfolger, so erhält man das um 20 vermehrte Quadrat der Zahl!

☐ $x \cdot (x + 1) = 20x^2$ ☐ $x \cdot (x + 1) = 20 + x^2$ ☐ $x + (x + 1) = 20 + x^2$

Gib die Lösung an: _____

# Verhältnisse und Proportionen

## Kopfübung

**Ü1** Welche Verhältnisse entsprechen 3 : 2? Kreuze an!

☐ 6 : 4 ☐ 21 : 14 ☐ 3 : 5 ☐ 1,5 : 1 ☐ 1 : 6

**Ü2** Welche Verhältnisse entsprechen 1 : 100? Kreuze an!

☐ 1 cm : 1 m ☐ 1 mm : 1 m ☐ 1 g : 1 kg ☐ 1dag : 1 kg

**Ü3** Welche Verhältnisse entsprechen 1 : 1 000? Kreuze an!

☐ 1 cm : 1 m ☐ 1 mm : 1 m ☐ 1 g : 1 kg ☐ 1dag : 1 kg

**Ü4** Berechne x für 3 : x = 15 : 45! Kreuze die richtige Lösung an!

☐ 5 ☐ 9 ☐ 12 ☐ 30

**Ü5** Berechne x für 3 : 4 : 5 = 21 : x : 35! Kreuze die richtige Lösung an!

☐ 12 ☐ 24 ☐ 28 ☐ 32

**Ü6** Welche Proportion passt zu diesem Text? Kreuze an!

Ein Auto fährt in 2 Stunden 180 km, wie weit fährt es in 3 Stunden?

☐ 2 : 3 = 180 : x ☐ 2 : 3 = x : 180

Kreuze die richtige Lösung an!

☐ 120 km ☐ 240 km ☐ 270 km ☐ 300 km

**Ü7** Welche Proportion passt zu diesem Text? Kreuze an!

In einem Park werden die Hecken geschnitten. 6 Arbeiter brauchen dafür 18 Stunden. Leider werden zwei Arbeiter krank. Wie lange brauchen vier Arbeiter für diese Arbeit?

☐ 6 : 4 = 18 : x ☐ 6 : 4 = x : 18

Kreuze die richtige Lösung an!

☐ 12 h ☐ 27 h ☐ 14 h ☐ 26 h

**Ü8** Eine Strecke, die auf einem Plan im Maßstab 1 : 1 000 eine Länge von 32 cm hat, ist in Wirklichkeit

☐ 32 m ☐ 32 dm ☐ 320 m ☐ 3,2 km

**Ü9** Gib mit den folgenden Zahlen eine Proportion an! Gibt es mehrere Lösungen?

a) 2, 6, 1, 3 b) 10, 100, 50, 500

**1** Gib das folgende Verhältnis mit möglichst kleinen natürlichen Zahlen an!

a) 108 : 180 b) 224 : 280 c) 126 : 294 d) 81 : 729

**2** Bestimme den Wert für x!

a) 3 : 7 = x : 42 b) x : 5 = 1 : 10 c) 3,2 : x = 4 : 100 d) 0,1 : 5 = 2 : x

**3** Messing ist eine Legierung aus Kupfer und Zink und hat – je nach Zinkanteil – die Farben braun-rötlich (bei 20 % Zink) bis hellgelb (bei 40 % Zink).

a) Gib mit möglichst einfachen Zahlen an, in welchem Verhältnis Kupfer und Zink für
(1) braun-rötliches Messing
(2) hellgelbes Messing gemischt werden müssen.

b) Wie viel Kilogramm Kupfer und Zink braucht man für ein 65 kg schweres hellgelbes Messingbett?

**4** Auf einer Dicksaftflasche steht für das Mischungsverhältnis: 1 + 6 = 7.
Kreuze die zwei richtigen Aussagen an:

☐ Das Mischungsverhältnis ist 1 : 7.
☐ Man erhält 7 Liter Saft, wenn man 1 Liter Dicksaft mit 6 Liter Wasser mischt.
☐ Das Mischungsverhältnis ist 1 : 6.
☐ Aus einem halben Liter Dicksaft bekommt man 6 Liter Saft.

**5** Schreibe als Verhältnisgleichung an, berechne! Welches Verhältnis liegt jeweils vor?

a) Ein Swimmingpool wird durch drei Zuleitungen in 16 Stunden gefüllt. Wie lange braucht es, wenn eine vierte Leitung dazugeschaltet wird?

b) Eier werden in Schachteln zu 6 Stück und zu 10 Stück verpackt. Ein Biobauer kann 155 Schachteln zu 6 Stück füllen. Wie viele Schachteln zu 10 Stück könnte er mit dieser Menge befüllen?

c) In einer halben Stunde fährt Lukas 7 km mit dem Fahrrad. Wie weit fährt er in 2,5 Stunden?

d) Gib für die Beispiele a) und c) den Proportionalitätsfaktor k an!

**6** Vergleich der Flächen von Österreich und Schweden:

Österreich: 83 879 $km^2$
Schweden: 438 576 $km^2$

a) Runde die Flächen auf Zehntausender und gib das Verhältnis mit möglichst kleinen natürlichen Zahlen an!

b) Welche Aussage ist richtig?

☐ Schweden ist 11-mal so groß wie Österreich.
☐ Fläche Österreichs : Fläche Schwedens = 1 : 5,5.

# Prozent- und Zinsenrechnung

## Kopfübung

**Ü1** Kreuze an!

| | | | |
|---|---|---|---|
| 3 % von 200 = | □ 6 | □ 60 | □ 600 |
| 10 % von 1 800 = | □ 1,8 | □ 18 | □ 180 |
| 25 % von 400 = | □ 25 | □ 10 | □ 100 |
| 5 % von 1 300 = | □ 6,5 | □ 65 | □ 650 |
| 20 % von 200 = | □ 20 | □ 40 | □ 60 |
| 120 % von 500 = | □ 520 | □ 600 | □ 620 |

**Ü2** Ordne richtig zu!

| | |
|---|---|
| $\frac{1}{4}$ | |
| $\frac{2}{5}$ | |
| $\frac{3}{10}$ | |
| $\frac{3}{100}$ | |

| | |
|---|---|
| A | 40 % |
| B | 3 % |
| C | 30 % |
| D | 25 % |

**Ü3** Kreuze an!

| | | | |
|---|---|---|---|
| 420 sind 10 % von | □ 42 | □ 420 | □ 4 200 |
| 24 sind 20 % von | □ 12 | □ 120 | □ 1 200 |
| 5 sind 5 % von | □ 5 | □ 10 | □ 100 |
| 240 sind 120 % von | □ 120 | □ 200 | □ 220 |

**Ü4** Markus hat schon 85 €, das sind 25 %, für sein Fahrrad gespart.
Wie viel kostet das Fahrrad?

**Ü5** Kreuze an!

| | | | |
|---|---|---|---|
| 30 von 300 sind | □ 1 % | □ 10 % | □ 25% |
| 2 von 40 sind | □ 2 % | □ 5 % | □ 10% |
| 30 von 120 sind | □ 3 % | □ 12 % | □ 25% |
| 80 von 200 sind | □ 4 % | □ 8 % | □ 40% |

**Ü6** Der Preis P einer Ware wird um 10 % gesenkt. Wie viel kostet die Ware dann?
Kreuze die beiden richtigen Terme an!

□ P – 10 %   □ P · 0,9   □ P – 0,10 · P   □ 90 · P   □ P + 0,10 · P

**Ü7** Zum Preis P einer Ware werden 20 % Mehrwertsteuer dazugegeben.
Wie viel kostet die Ware dann?
Kreuze die beiden richtigen Terme an!

□ $P \cdot 1{,}20$ □ $P + 20\ \%$ □ $P + 0{,}20 \cdot P$ □ $120 \cdot P$ □ $P \cdot 0{,}20$

**Ü8** Bei der Prozentrechnung ist die Vergleichszahl
□ 10 □ 100 □ 1 000

**Ü9** Bei der Promillerechnung ist die Vergleichszahl
□ 10 □ 100 □ 1 000

**1** Bei der Mathematikschularbeit hat Markus 42 von 48 Punkten erreicht. Wie viel % sind das?

---

**2** Bei der Mathematikschularbeit bekommt man die Note Gut, wenn man 40 bis 44 Punkte von 48 möglichen erreicht. Bei wie viel % liegt diese Grenze?

---

**3** Irina borgt sich von ihrer Oma 250 € für ein Fahrrad aus, sie muss aber nur 70 % zurückzahlen. Wie viel € hat ihr die Großmutter geschenkt?

---

**4** Wie viel € Mehrwertsteuer bekommt der Staat?
a) Der Verkaufspreis eines Fernsehers inklusive 20 % MWSt. beträgt 540 €.
a) Der Verkaufspreis einer Jeans inklusive 20 % MWSt. beträgt 51 €.

---

**5** Nach einer Gehaltserhöhung von 125 € verdient Herr Müller 1 978 €. Wie viel % macht die Gehaltserhöhung aus? (Runde auf Zehntel!)

---

**6** In einem Zeitungsbericht kann man lesen, dass das Handgepäck, das man in das Flugzeug mit hineinnehmen kann, um 40 % schrumpfen soll. Ursprünglich konnte man Koffer mit der Länge 45 cm, der Breite 25 cm und der Höhe 55 cm mitnehmen, das neue Format soll 35 cm Länge, 20 cm Breite und 55 cm Höhe haben. Rechne nach, ob die Zeitung Recht hat, vergleiche die Volumina!

---

**7** Ein Flummi (Gummiball) erreicht nach dem ersten Mal aufspringen eine Höhe von 2,4 m, nach jedem weiteren verringert sich seine Höhe um 40 %. Welche Höhe erreicht der Ball nach dem 3. Mal aufspringen?

---

**8** Ein Ort hat 1 752 Einwohner. Die Einwohnerzahl nimmt jährlich um 1,5 % zu.

a) Wie viele Einwohner hat der Ort nach (1) 5 Jahren (2) 10 Jahren? (Runde!)

b) Nach wie vielen Jahren hätte sich die Einwohnerzahl verdoppelt? Kreuze an!

☐ 17 Jahre ☐ 37 Jahre ☐ 47 Jahre ☐ 57 Jahre

---

**9** Im Ausverkauf wird eine Jacke, die ursprünglich 90 € gekostet hat, um 30 % billiger angeboten. Julia, Maria, Chiara und Janina überlegen, wie viel die Jacke nun kostet. Welche Rechnungen sind richtig? Kreuze sie an!

☐ Julia sagt. „Ich muss zuerst 90 durch 30 dividieren und dann mit 100 multiplizieren!"

☐ Maria meint: „Ich muss zuerst 90 durch 10 dividieren und dann mit 7 multiplizieren!"

☐ Chiara rechnet: „Ich rechne mir 10 % aus und multipliziere das Ergebnis mit 3. Diesen Wert muss ich von 90 subtrahieren!"

☐ Janina sagt: „Ich subtrahiere 30 von 90. Das ist der Preis für die Jacke im Abverkauf!"

---

**10** Fam. Österreicher zahlt 540 € Prämie, das sind 2,5 ‰ des Wertes ihres Hauses für die Versicherung. Wie hoch ist der Wert ihres Hauses?

---

**11** Melanie hat 500 € auf einem Sparbuch, das mit p = 0,8 % verzinst wird.

a) Berechne den effektiven Zinssatz!

b) Welches Guthaben hat Melanie nach 5 Jahren auf ihrem Sparbuch?

---

**12** Onur hat 1 200 € auf seinem Sparbuch, das mit 0,9 % verzinst wird.

a) Berechne den effektiven Zinssatz!

b) Er lässt das Geld acht Monate lang auf dem Sparbuch. Wie viele Zinsen bekommt er dafür?

---

**13** Ein PKW kostet netto 18 950 €. Wie viel muss der Käufer bezahlen, wenn 7 % NoVA und 20 % MWSt. dazukommen?

---

**14** Wenn die Weltbevölkerung, die im Jahre 2015 rund 7,28 Milliarden betrug, jährlich um 1 % wächst, wie viele Menschen leben dann im Jahr 2050 auf der Erde?

---

**15** 47,6 Prozent der Gesamtfläche Österreichs sind mit Wald bedeckt. Die Gesamtfläche Österreichs beträgt rund 84 000 km$^2$, welche Fläche nimmt der Wald ein?

---

# Statistik

## Kopfübung

**Ü1** Im nebenstehenden Diagramm ist auf der x-Achse die Anzahl der Haustiere und auf der y-Achse die Anzahl der Kinder, die diese Anzahl Haustiere haben, dargestellt.

Ergänze die Tabelle und berechne die durchschnittliche Anzahl der Haustiere, die die Kinder haben.

| Haustiere | 0 | 1 | 2 | 3 | 4 |
|---|---|---|---|---|---|
| Kinder | | | | | |

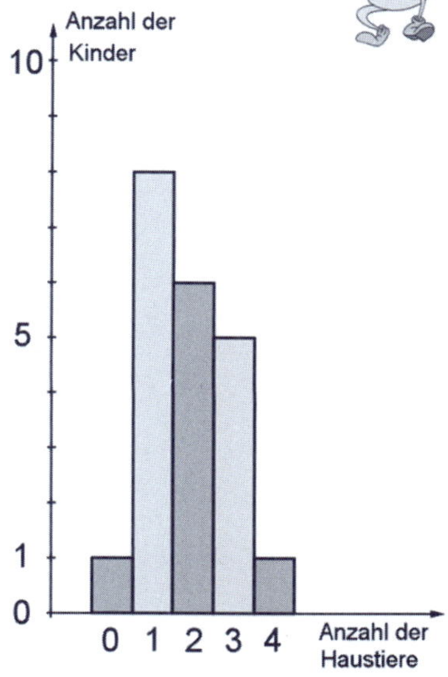


**Ü2** Ergänze die folgende Kontingenztafel!

Auf der Wintersportwoche werden Schi fahren und Snowboarden angeboten. Von der 3a-Klasse fahren 23 Schülerinnen und Schüler mit, von der 3b-Klasse sind es 25. Insgesamt gehen 19 Schülerinnen und Schüler Snowboarden, davon sind 11 aus der 3a.

| Teilnehmer | 3a | 3b | Summe |
|---|---|---|---|
| Schifahrer | | | |
| Snowboarder | | | |
| Summe | | | |

a) Berechne, wie viele Schülerinnen und Schüler Schi bzw. Snowboard fahren.

b) Wie viele Schülerinnen und Schüler nehmen insgesamt an der Wintersportwoche teil?

**Ü3** Bei der letzten Deutschschularbeit gab es das folgende Ergebnis:

| Note | Anzahl |
|---|---|
| 1 | 5 |
| 2 | 7 |
| 3 | 6 |
| 4 | 5 |
| 5 | 2 |

a) Berechne den Notendurchschnitt!

b) Ergänze: Der Notendurchschnitt wird höher, wenn sich die Zahl der Einser ______________(vergrößert / verringert).

**1** Ein Autofahrerklub erhebt den Verbrauch von 70 verschiedenen Fahrzeugtypen. Die Ergebnisse sind in Liter pro 100 km in einer Tabelle zusammengefasst. Der Verbrauch wird immer auf Zehntelliter angegeben.

| | | | | | | | | | |
|---|---|---|---|---|---|---|---|---|---|
| 5,4 | 6,3 | 7,2 | 6,7 | 5,4 | 4,8 | 7,2 | 8,9 | 9,5 | 6,3 |
| 5,7 | 6,2 | 6,9 | 5,7 | 4,3 | 8,6 | 7,3 | 6,2 | 6,3 | 7,0 |
| 6,4 | 4,5 | 8,4 | 6,5 | 6,7 | 7,1 | 7,5 | 5,6 | 7,2 | 6,8 |
| 6,3 | 7,0 | 5,7 | 6,2 | 6,9 | 5,7 | 4,3 | 8,6 | 7,3 | 6,2 |
| 6,7 | 7,1 | 7,5 | 5,6 | 7,2 | 6,8 | 6,4 | 4,5 | 8,4 | 6,5 |
| 8,3 | 5,8 | 8,5 | 6,2 | 6,7 | 7,1 | 8,4 | 7,5 | 6,3 | 6,2 |
| 6,4 | 7,2 | 8,9 | 9,4 | 9,6 | 5,4 | 6,4 | 7,3 | 8,3 | 4,9 |

Führe eine Klasseneinteilung durch, ergänze die folgende Tabelle!

| | Klasse | Klassenmitte | Strichliste | h | r | p |
|---|---|---|---|---|---|---|
| 1 | 4,0 – 4,4 | 4,2 | | | | |
| 2 | 4,5 – 4,9 | | | | | |
| 3 | 5,0 – 5,4 | | | | | |
| 4 | | | | | | |
| 5 | | | | | | |
| 6 | | | | | | |
| 7 | | | | | | |
| 8 | | | | | | |
| 9 | | | | | | |
| 10 | | | | | | |
| 11 | | | | | | |
| 12 | | | | | | |
| | Summe | | | | | |

Berechne den Durchschnitt des Treibstoffverbrauchs!

$\bar{x}$ = ____________

# Das Koordinatensystem

## Kopfübung

**Ü1** Gib die Koordinaten der eingezeichneten Punkt an!

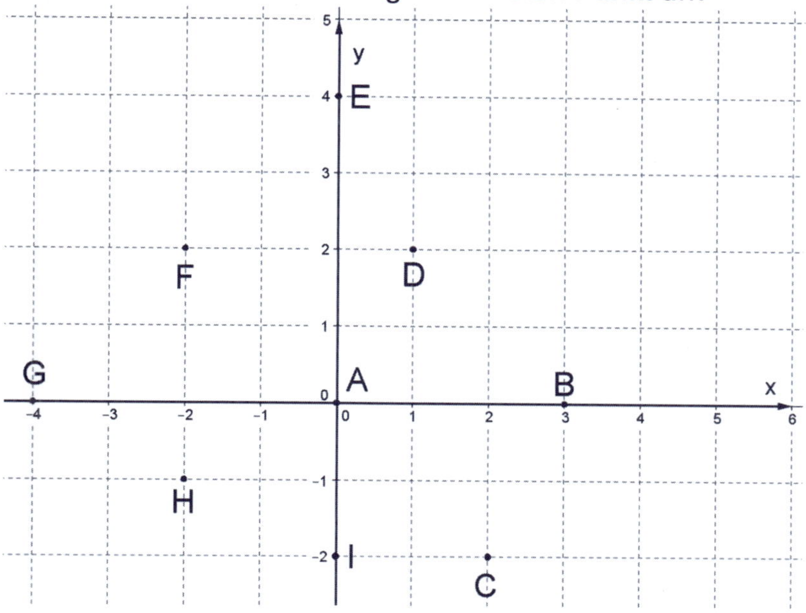


**Ü2** Wenn man den Punkt P(3/–4) an der x-Achse spiegelt, erhält man

☐ $P_1$(–3/–4) ☐ $P_1$(–3/4) ☐ $P_1$(3/4)

**Ü3** Wenn man den Punkt Q(–2/–1) an der y-Achse spiegelt, erhält man

☐ $Q_1$(2/–1) ☐ $Q_1$(–2/1) ☐ $Q_1$(2/1)

**Ü4** Wenn man den Punkt R(0/–2) an der x-Achse spiegelt, erhält man

☐ $R_1$(0/2) ☐ $R_1$(2/0) ☐ $R_1$(–2/0)

**1** Zeichne die Punkte A(–3/1), B(–4/0), C(0/–2), D(3/–1), E(4/0), F(2/1), G(0/3) in ein Koordinatensystem ein!

**2** Die Gerade g geht durch die Punkte P(–3/4) und Q(4/–3), die Gerade h verläuft durch die Punkte A(–4/–3) und B(3/4). Zeichne die beiden Geraden und gib die Koordinaten des Schnittpunktes an! Welchen Winkel schließen die beiden Geraden ein?

**3** Zeichne das Dreieck ABC [A(–4/2), B(3/–4), C(5/4)] und den Höhenschnittpunkt in ein Koordinatensystem ein! Gib die Koordinaten des Höhenschnittpunktes an!

**4** Zeichne das Dreieck ABC [A(–4/–2), B(2/0), C(–1/4)] und den Umkreismittelpunkt in ein Koordinatensystem ein! Gib die Koordinaten von U, den Radius des Umkreises und die Koordinaten der Schnittpunkte des Kreises mit der x-Achse an!

# Ebene Figuren – Dreiecke

## Kopfübung

**Ü1** Beschrifte die folgenden Dreiecke, zeichne die Höhen ein!

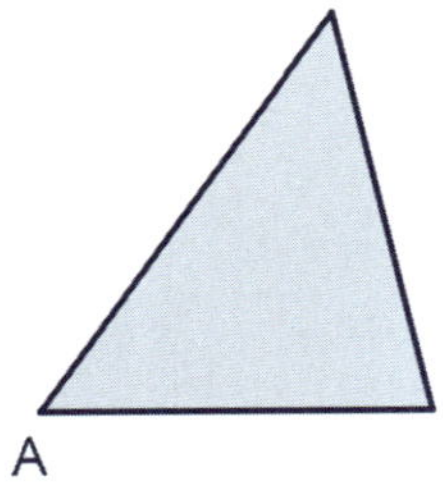


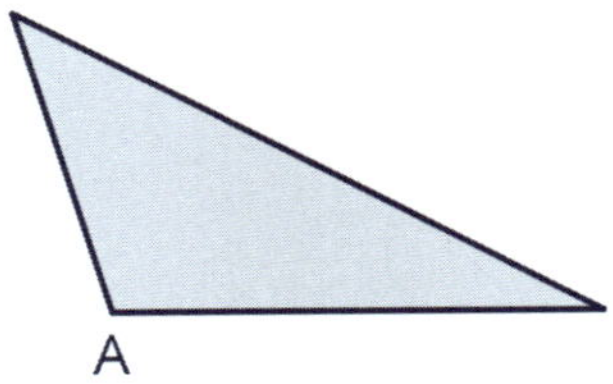


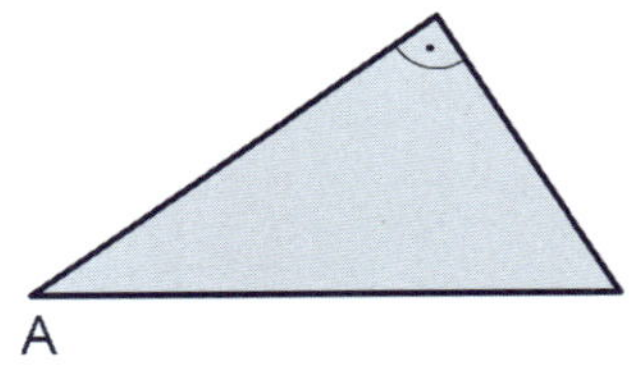


**Ü2** Für das allgemeine Dreieck gibt es drei Flächenformeln. Gib sie an und kennzeichne in der Zeichnung die Bestimmungsstücke, die du für die jeweilige Flächenformel brauchst!

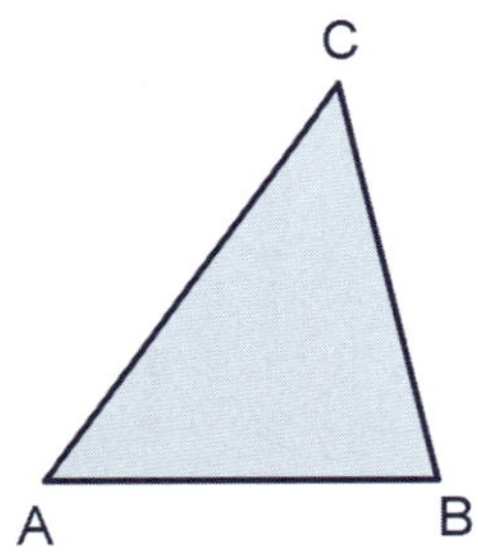


1. Flächenformel:

A =

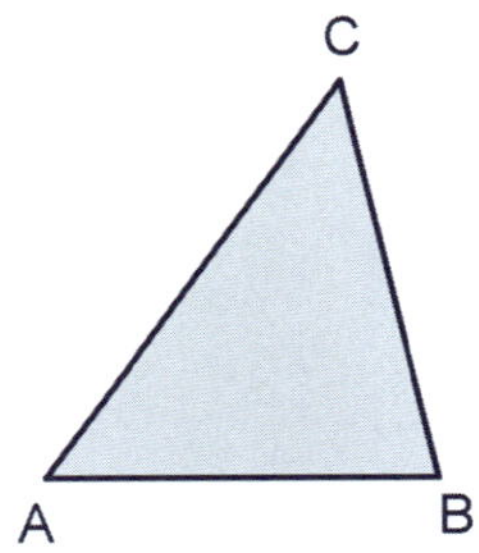


2. Flächenformel:

A =

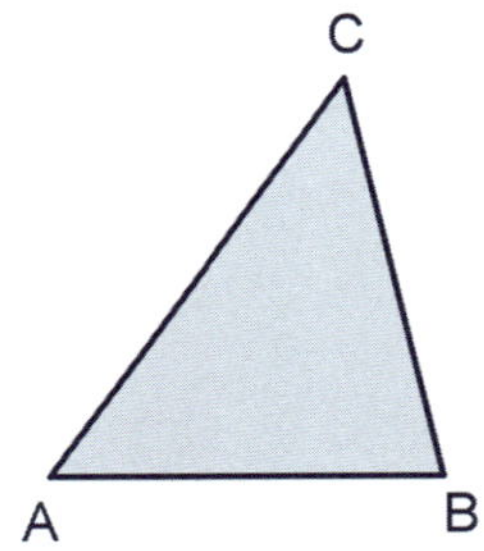


3. Flächenformel:

A =

**Ü3** Gib für das rechtwinklige Dreieck die Flächenformel an und kennzeichne die Bestimmungsstücke, die du zur Berechnung der Fläche brauchst!

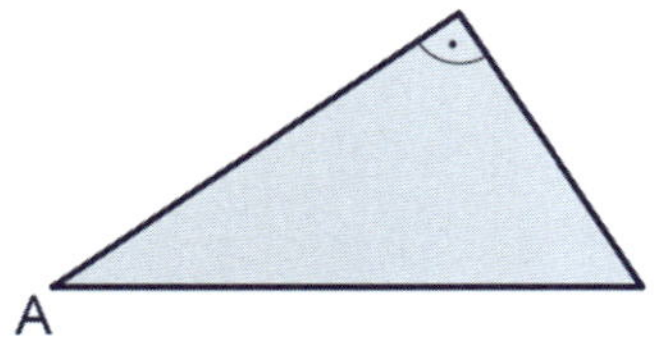


A =

**Ü4** Berechne den Flächeninhalt!

a)

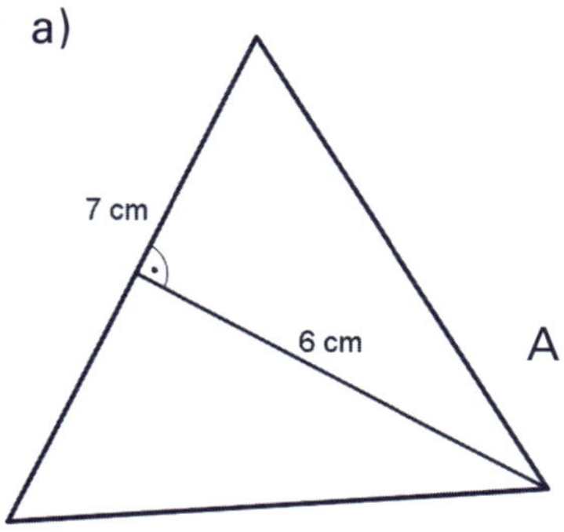


A =

b)

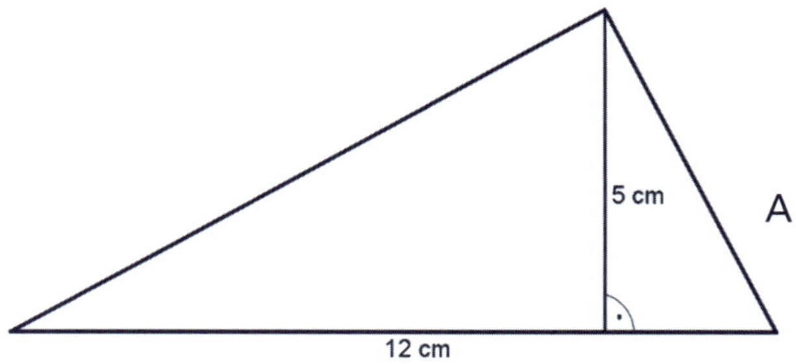


A =

**Ü5** Welche Formel ist richtig? Kreuze an!

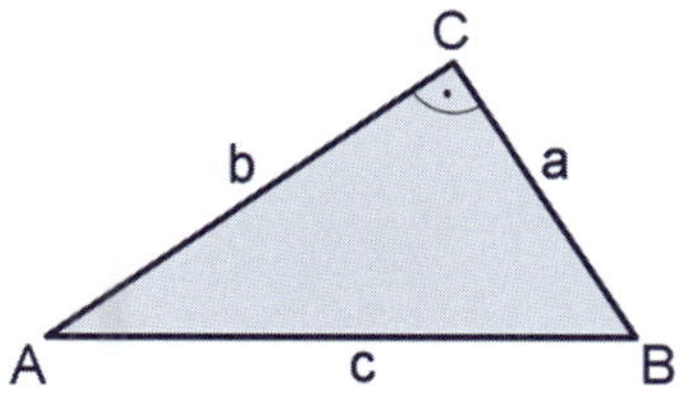


□ $a^2 = b^2 + c^2$

□ $a^2 + b^2 = c^2$

□ $a^2 - b^2 = c^2$

Dieser Satz heißt ______________________________ .

**Ü6** Ergänze, sodass ein richtiger Merksatz entsteht!

Im _____①______ Dreieck gilt der pythagoreische Lehrsatz.

Er lautet: Die Summe der ________②________ ist gleich dem _______③_______.

| ① | |
|---|---|
| gleichseitigen | |
| gleichschenkligen | |
| rechtwinkligen | |

| ② | |
|---|---|
| Seitenquadrate | |
| Kathetenquadrate | |
| Hypotenusenquadrat | |

| ③ | |
|---|---|
| Hypotenusenquadrat | |
| Seitenquadrate | |
| Kathetenquadrate | |

**1** Von einem Dreieck ABC kennt man a = 75 mm, b = 65 mm und c = 50 mm. Konstruiere das Dreieck und berechne den Flächeninhalt auf drei Arten! Entnimm die Bestimmungsstücke, die du zur Berechnung brauchst, deiner Zeichnung. Rechne auch den Mittelwert aus! Gib auch den Umfang an!

**2** Berechne den Flächeninhalt des Dreiecks ABC, indem du die Bestimmungsstücke, die du benötigst, aus den Koordinaten berechnest! Welche Flächenformel ist dafür die günstigste? Kreuze an!

□ $A = \frac{a \cdot h_a}{2}$

□ $A = \frac{b \cdot h_b}{2}$

□ $A = \frac{c \cdot h_c}{2}$

A =

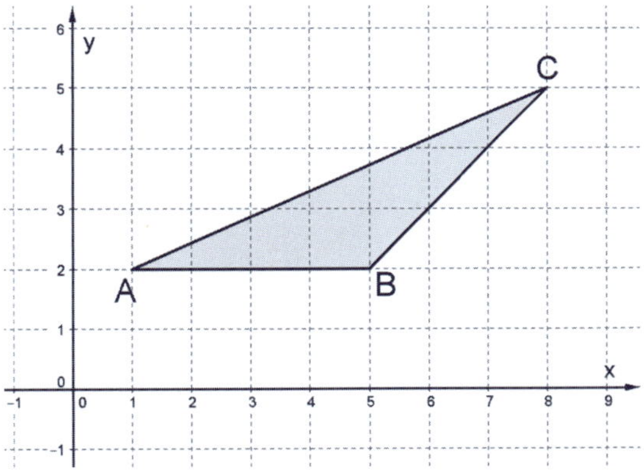


**3** Gegeben ist ein gleichschenkliges Dreieck (a = b) ABC mit c = 6 cm und $h_c$ = 7 cm. Berechne den Flächeninhalt und die Länge der Seite a! (Skizze!)

**4** Von einem gleichseitigen Dreieck ABC kennt man die Seite a = 6,2 cm. Berechne den Flächeninhalt! Die Höhe kannst du mit dem pythagoreischen Lehrsatz berechnen! (Skizze!)

**5** Im Garten steht eine 8 m hohe Fichte. Der Sturm hat die Fichte in einer Höhe von 3 m geknickt und dieser Teil ist in Richtung des Hauses gefallen. Wie nahe kommt die Spitze der Fichte dem 6 m entfernten Haus?

**6** Überprüfe zeichnerisch und rechnerisch, ob das Dreieck ABC mit $a = 12$ cm, $b = 5$ cm und $c = 13$ cm ein rechtwinkliges Dreieck mit $\gamma = 90°$ ist!

# Ebene Figuren – Vierecke

## Kopfübung

**Ü1** Beschrifte die Quadrate! Für das Quadrat gibt es zwei Flächenformeln. Gib sie an und kennzeichne die Bestimmungsstücke, die du für die jeweilige Flächenformel brauchst!

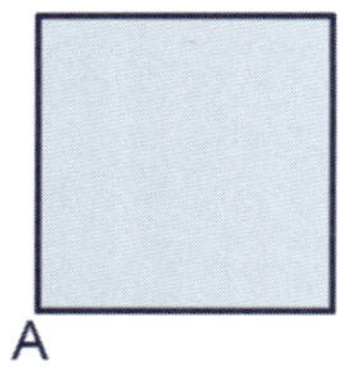


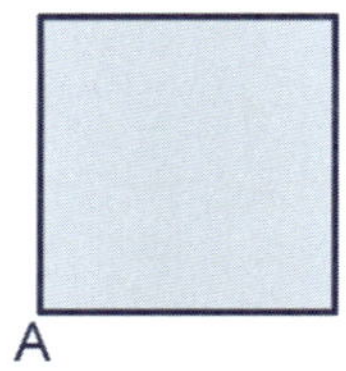


1. Flächenformel: A =

2. Flächenformel: A =

**Ü2** Gib für das Rechteck die Flächenformel an und kennzeichne die Bestimmungsstücke, die du zur Berechnung der Fläche brauchst!

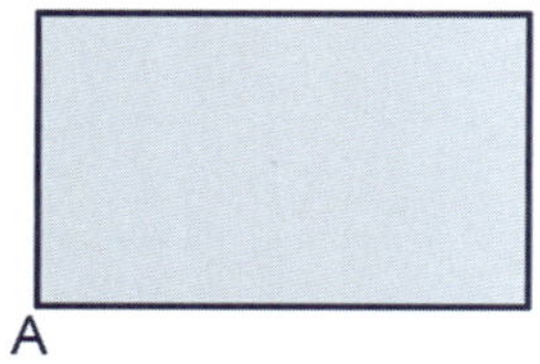


A =

**Ü3** Beschrifte die Parallelogramme! Für das Parallelogramm gibt es zwei Flächenformeln. Gib sie an und kennzeichne die Bestimmungsstücke, die du für die jeweilige Flächenformel brauchst!

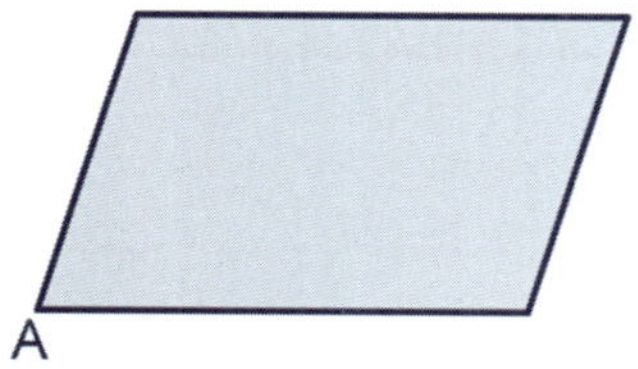


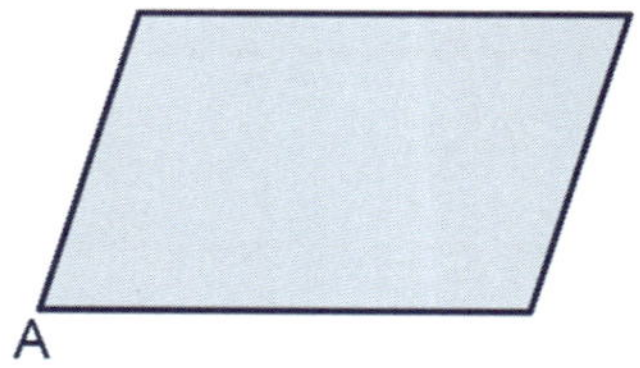


1. Flächenformel: A =

2. Flächenformel: A =

**Ü4** Beschrifte die Rauten! Für die Raute gibt es zwei Flächenformeln. Gib sie an und kennzeichne die Bestimmungsstücke, die du für die jeweilige Flächenformel brauchst!

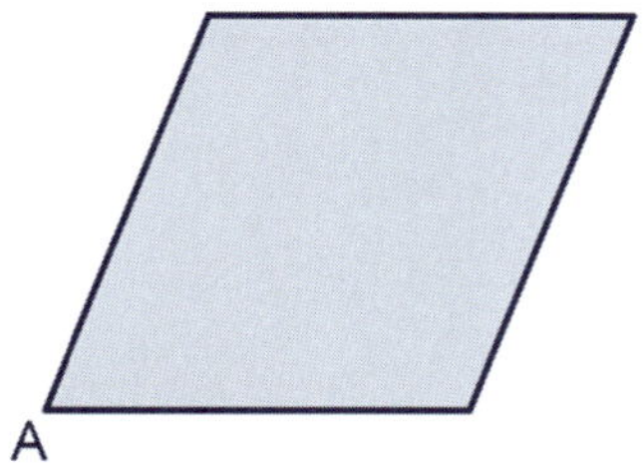


1. Flächenformel:

A =

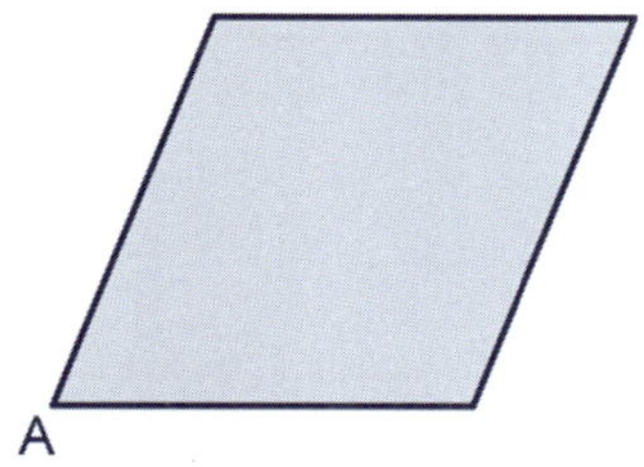


2. Flächenformel:

A =

**Ü5** Beschrifte die Vierecke! Gib die Flächenformel für das Deltoid und das Trapez an! Kennzeichne die Bestimmungsstücke, die du für die jeweilige Flächenformel brauchst!

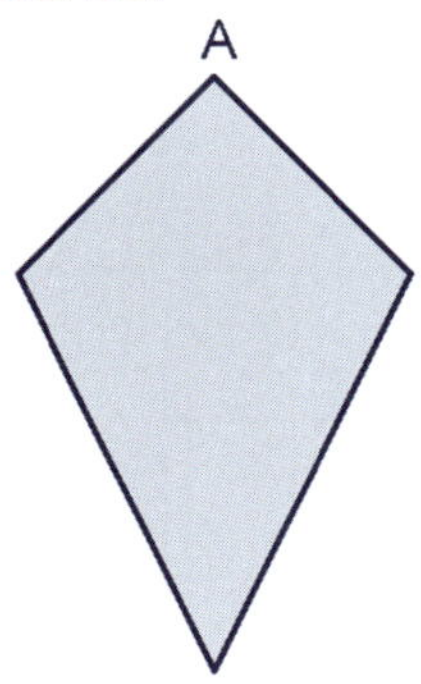


A =

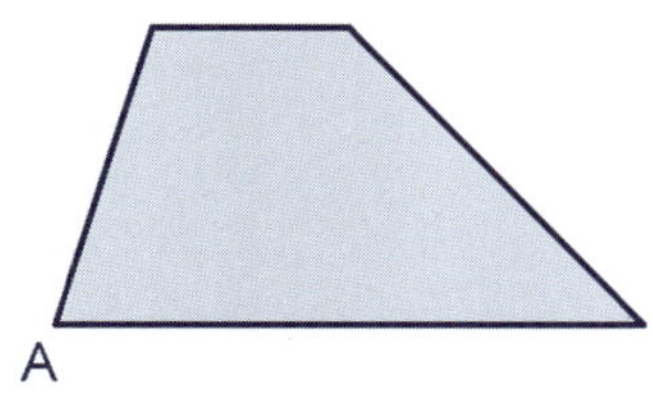


A =

**1** Berechne den Flächeninhalt!

a)

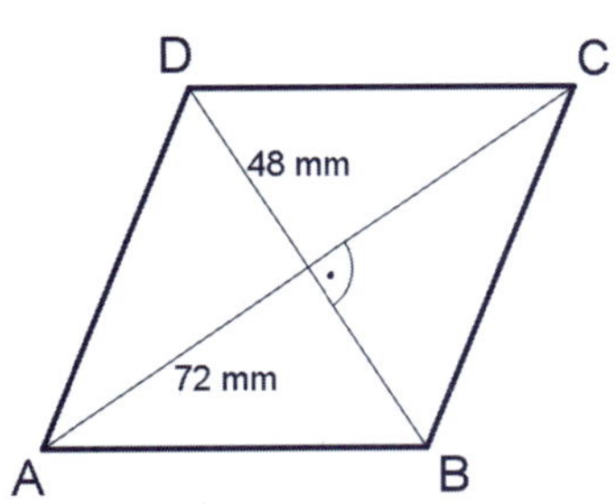


b)

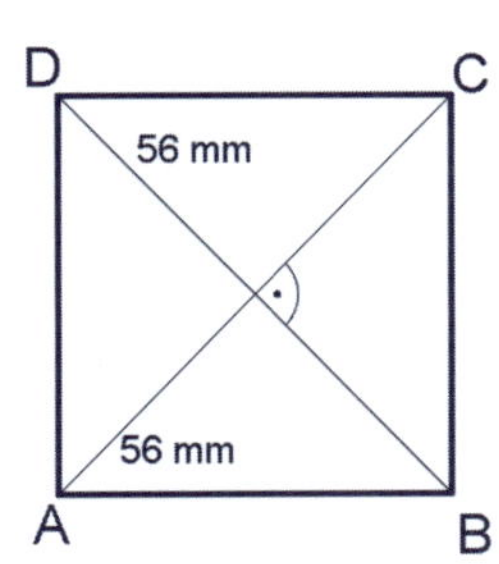


c)

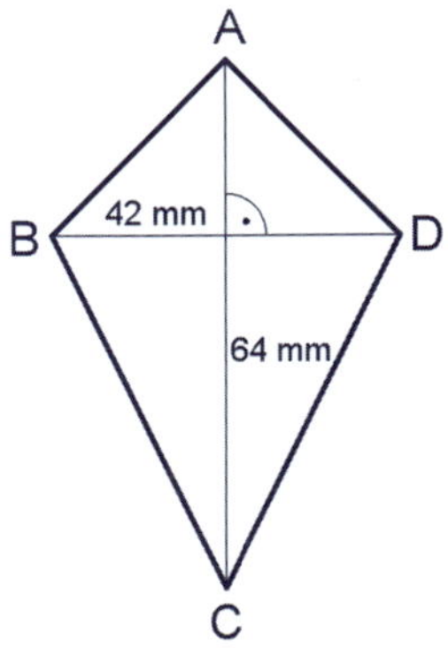


**2** Von einem Parallelogramm ABCD kennt man die Längen der Seiten $a = 65$ mm und $b = 52$ mm sowie die Höhe $h_a = 40$ mm. Berechne den Flächeninhalt und die Länge der Höhe $h_b$!

**3** Berechne den Flächeninhalt der folgenden Figuren, entnimm die Längen den Koordinaten der Eckpunkte (Einheit 1 cm)!

a)

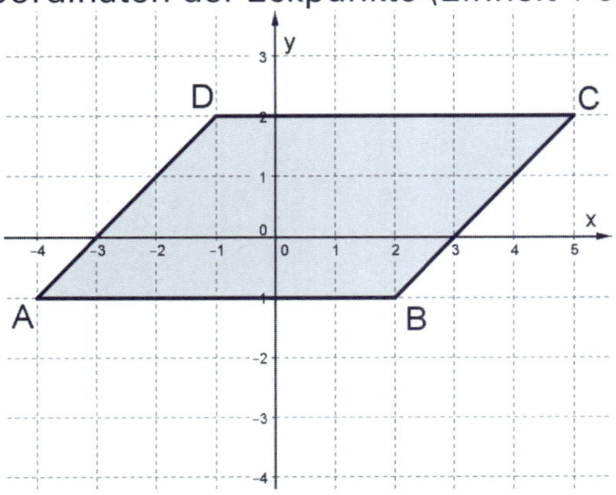


b)

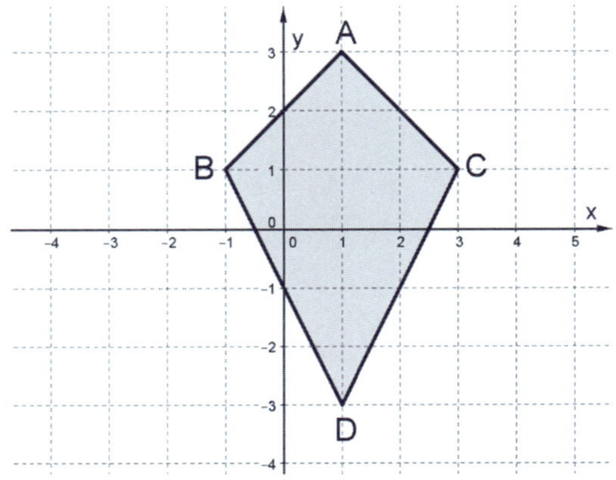


**4** Welches besondere Viereck liegt vor?
Berechne die Querschnittsfläche und die Böschungslänge!

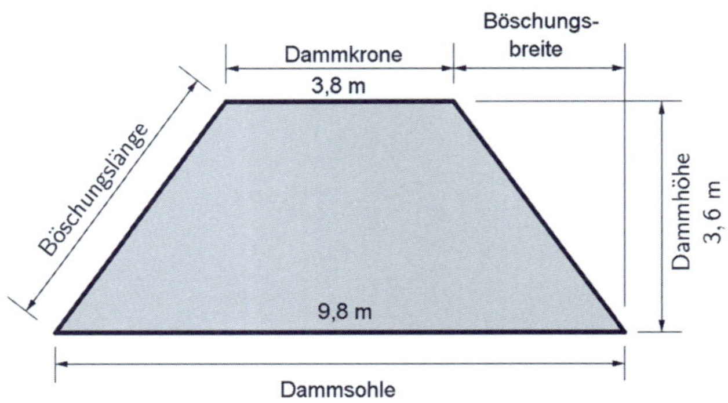


**5** Von einem Trapez kennt man den Flächeninhalt $A = 24\ cm^2$ und die Längen der beiden parallelen Seiten $a = 32$ mm und $b = 48$ mm.
Leite zunächst die Formel für die Höhe h her und berechne dann h!

Die Herleitung der Formel machen Michael, Peter, Benedict und Robin auf verschiedene Arten. Welche zwei Buben haben recht?

Michael: „Ich multipliziere mit 2 und subtrahiere von diesem Ergebnis a. Dann muss ich noch durch c dividieren!“

Peter: „Ich multipliziere mit 2 und dividiere diese Zahl durch a + c!“

Benedict: „Ich dividiere zuerst durch (a + c) und multipliziere dieses Ergebnis mit 2!“

Robin: „Ich subtrahiere (a + c) von A und multipliziere dieses Ergebnis mit 2!“

**6** Ein rechteckiger Vorplatz eines Hauses soll mit rhombenförmigen Platten (e = 15 cm, f = 20 cm) gepflastert werden. Wie viele Platten braucht man, wenn der Platz 7,5 m x 4,8 m groß ist und man mit einem Verschnitt von 8 % rechnen muss?

**7** Kreuze an!

Wenn man bei einer Raute die Diagonalen e und f verdoppelt, dann wird der Flächeninhalt

☐ doppelt so groß ☐ dreimal so groß ☐ viermal so groß

Kontrolliere mit einer Zeichnung!

# Ähnlichkeit

## Kopfübung

**Ü1** Gegeben ist das Dreieck ABC. Zeichne ein ähnliches Dreieck mit doppelt so langen Seiten! Der Eckpunkt $A_1$ des ähnlichen Dreiecks soll dabei mit dem Punkt A zusammenfallen. Gib die Koordinaten des ähnlichen Dreiecks an!

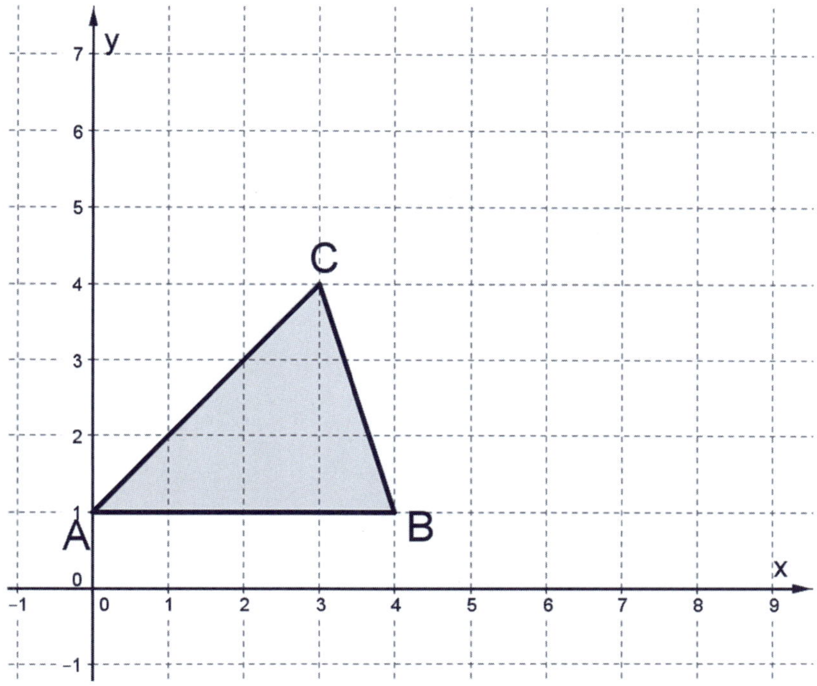


$A_1$( / )

$B_1$( / )

$C_1$( / )

Die Seitenlängen des Dreiecks ABC und des ähnlichen Dreiecks $A_1B_1C_1$ verhalten sich wie ___________.

Die Flächeninhalte des Dreiecks ABC und des ähnlichen Dreiecks $A_1B_1C_1$ verhalten sich wie ___________. Rechne nach!

Dreieck ABC: Dreieck $A_1B_1C_1$:

A = A =

Stelle das Verhältnis der Flächeninhalte auf und vereinfache es!

**Ü2** Die Seiten eines Dreiecks sind a = 3 cm, b = 5 cm und c = 6,5 cm. Bei einem ähnlichen Dreieck ist $b_1$ = 15 cm lang. Berechne $a_1$ und $c_1$!
Die entsprechenden Seitenlängen stehen im Verhältnis _________, der Proportionalitätsfaktor k ist ____.

**Ü3** Teile die Strecke AB in 6 gleiche Teile!

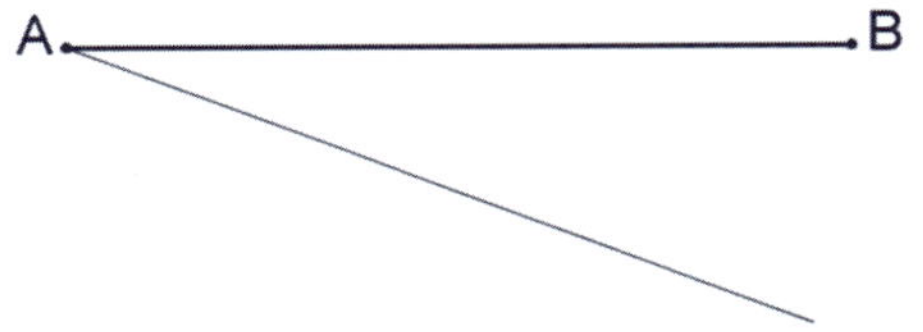

**Ü4** Kreuze an!
Dreiecke sind ähnlich, wenn sie in den

(1) □ Seiten □ Höhen □ Winkeln
übereinstimmen und

(2) □ die Flächeninhalte □ die entsprechenden Seiten
im selben Verhältnis stehen.

**Ü5** Kreuze die zwei richtigen Proportionen an!

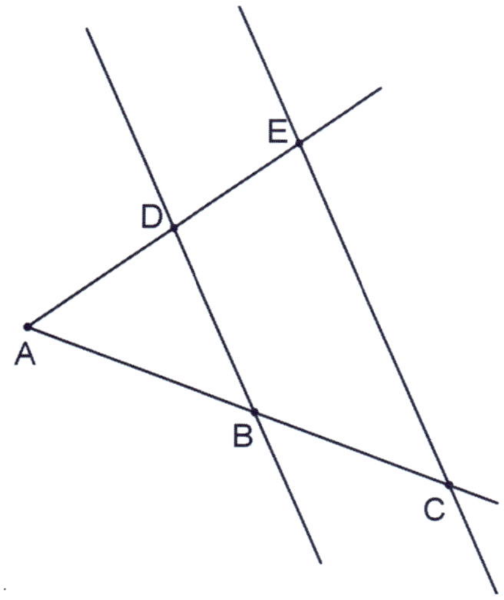


□ $\overline{AB} : \overline{AC} = \overline{AD} : \overline{AE}$

□ $\overline{AB} : \overline{AC} = \overline{AD} : \overline{DE}$

□ $\overline{AB} : \overline{BC} = \overline{AD} : \overline{AE}$

□ $\overline{AC} : \overline{BC} = \overline{EC} : \overline{DB}$

□ $\overline{AB} : \overline{AC} = \overline{EC} : \overline{DB}$

**1** Von einem Dreieck ABC kennt man die drei Seiten a = 4,5 cm, b = 6 cm und c = 7,5 cm. Wie lang sind die Seiten eines ähnlichen Dreiecks mit

a) $b_1 = 24$ cm b) $a_1 = 3$ cm c) $c_1 = 7,5$ dm?

**2** Die beiden Figuren sind ähnlich! Gib die fehlenden Längen an!

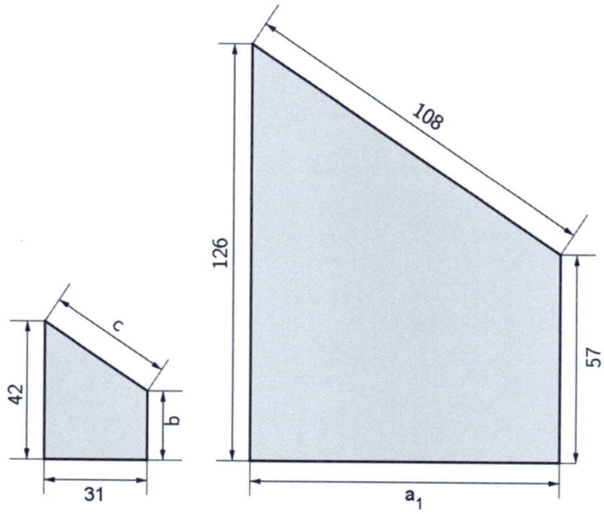

**3** Berechne den Wert der Variable (Variablen)!

a)

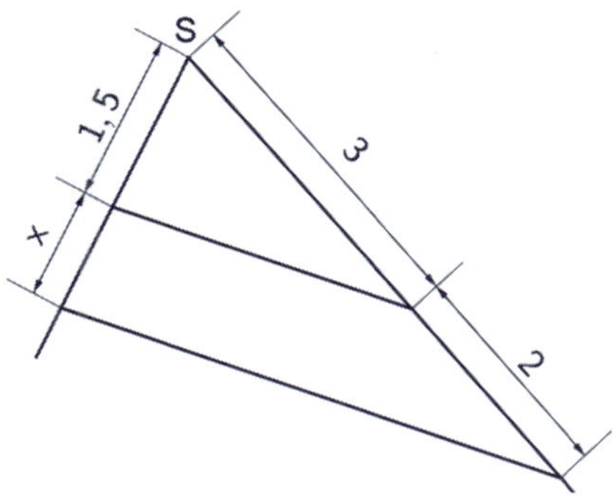


b)

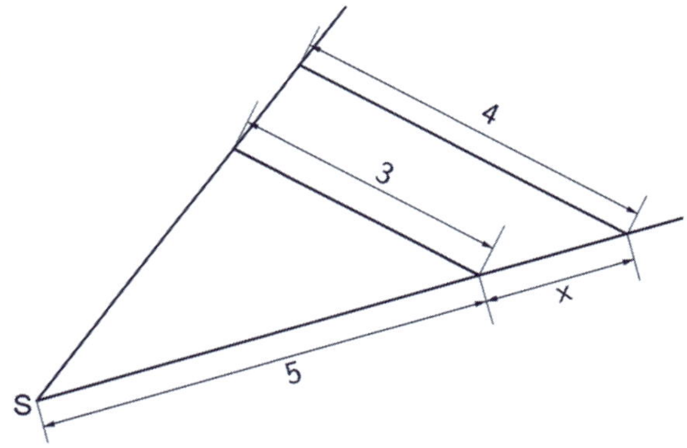


c)

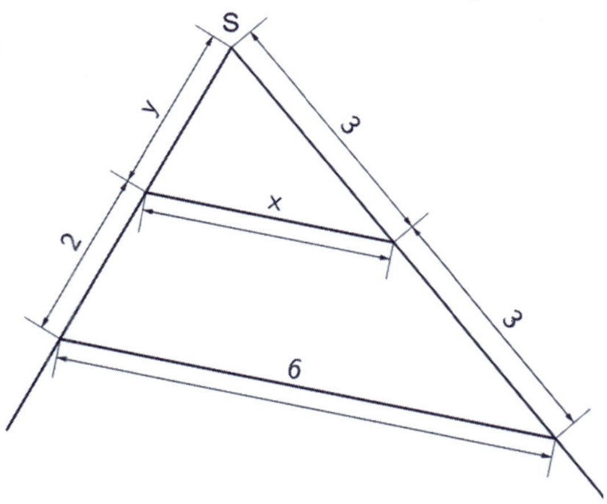


d)

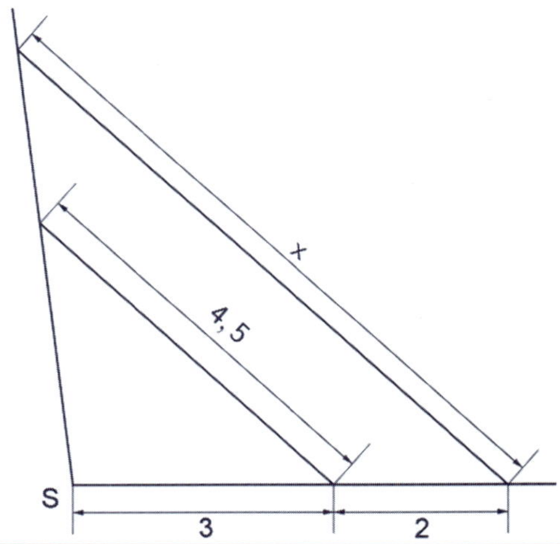


**4** Von einem gleichschenkligen Dreieck ABC (a = b) kennt man die Längen der Seiten a = 5 cm und c = 6 cm.

a) Wie lang sind die Seiten eines ähnlichen Dreiecks $A_1B_1C_1$ mit $a_1 = 10$ cm?

b) Zeichne beide Dreiecke!

c) Berechne für beide Dreiecke die Höhe $h_c$! In welchem Verhältnis stehen die beiden Höhen?

d) Berechne für beide Dreiecke den Umfang! In welchem Verhältnis stehen sie?

e) Berechne für beide Dreiecke den Flächeninhalt. In welchem Verhältnis stehen die Flächeninhalte?

**5** Teile die Strecke $\overline{AB} = 84$ mm im Verhältnis 3 : 4!

**6** Vergrößere das Dreieck im Verhältnis 2 : 3! Wähle als Ähnlichkeitszentrum A!

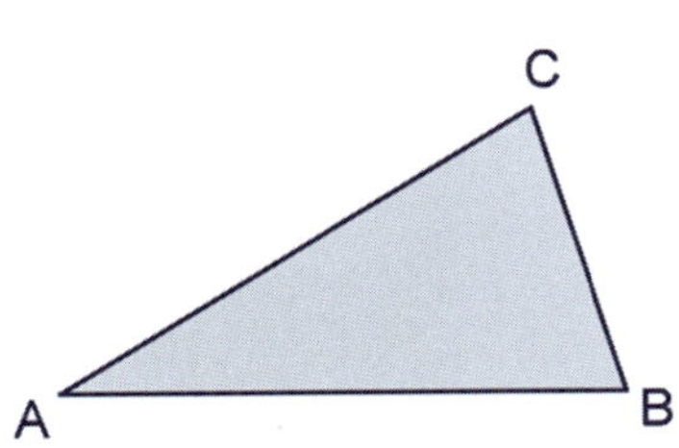

# Körper

## Kopfübung

**Ü1** Beschrifte den Schrägriss und das Netz des Prismas!

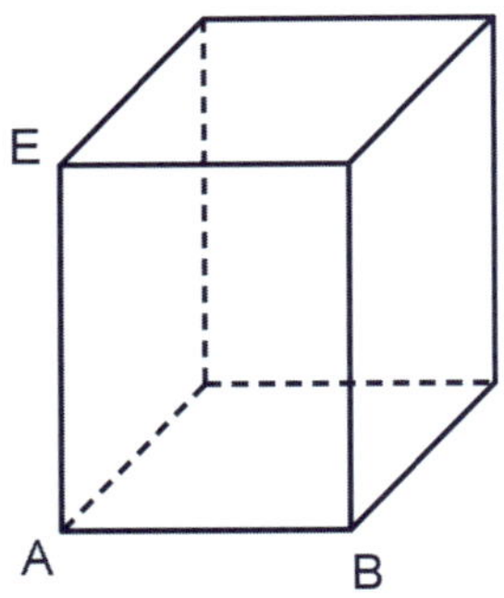


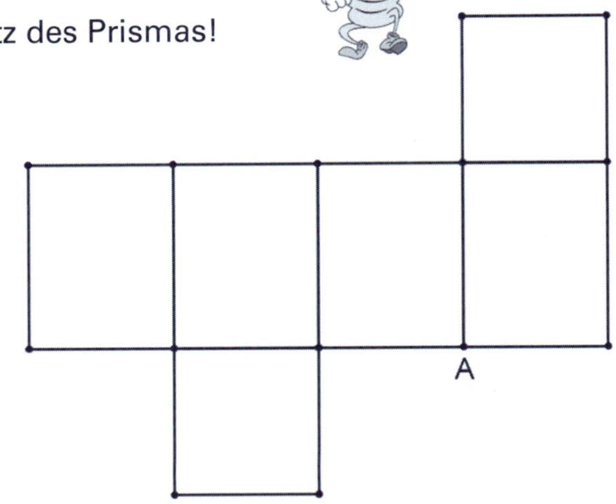


**Ü2** Beschrifte den Schrägriss und das Netz der Pyramide!

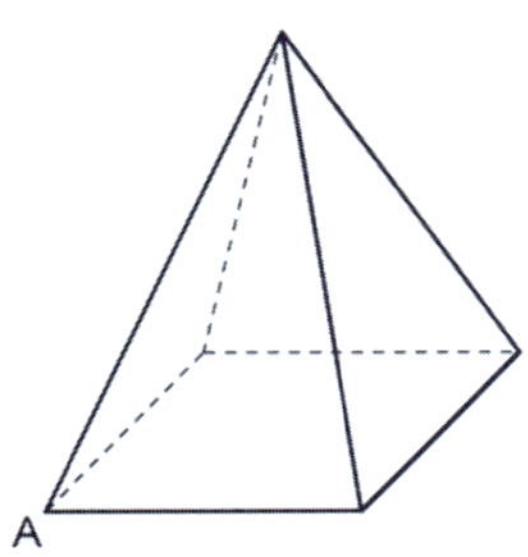


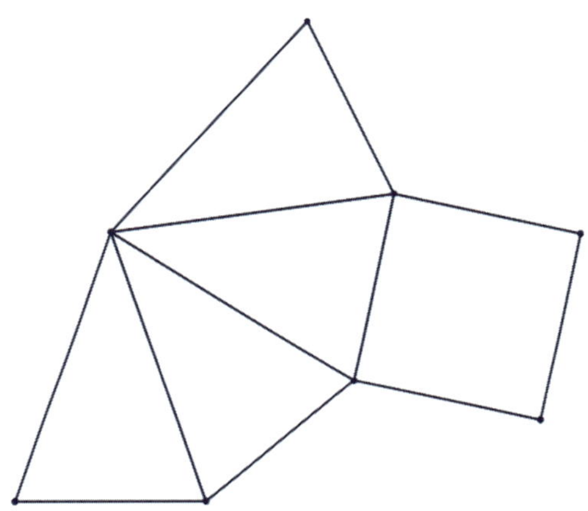

**Ü3** Welche zwei Formeln gelten für das Volumen eines Quaders? Kreuze an!

☐ $V = G \cdot h$ ☐ $V = G + h$ ☐ $V = (2a + 2b) \cdot c$

☐ $V = 2G + h$ ☐ $V = a \cdot b \cdot c$ ☐ $V = (a + b) \cdot h$

**Ü4** Welche zwei Formeln gelten für die Oberfläche eines Quaders? Kreuze an!

☐ $O = G + M$ ☐ $O = 2G + h$ ☐ $O = 2 \cdot (a \cdot b + a \cdot c + b \cdot c)$

☐ $O = 2G + M$ ☐ $O = G + h$ ☐ $O = 2 \cdot a \cdot b + a \cdot c + b \cdot c$

**Ü5** Bestimme die Oberfläche und das Volumen des Prismas, das aus Würfeln mit 1 cm Seitenlänge zusammengesetzt ist!

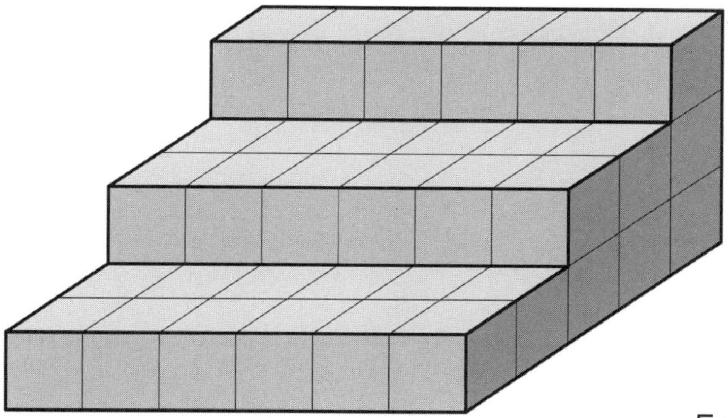

O =

V =

**Ü6** Welche Körper entstehen, wenn man einen Quader so wie in der Skizze durchschneidet?

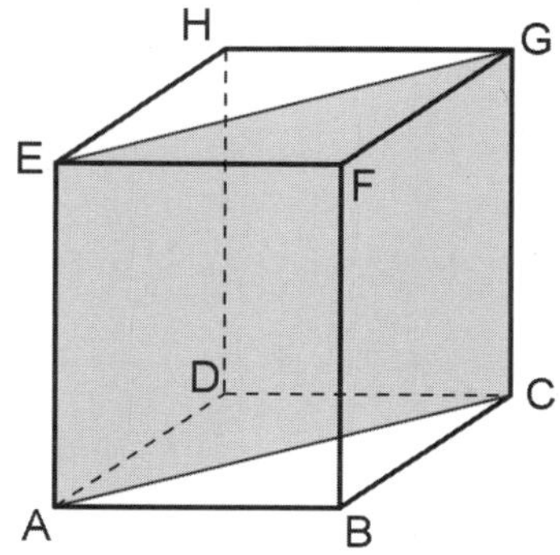


Grundfläche:

□ Rechteck □ gleichseitiges Dreieck □ rechtwinkliges Dreieck

Höhe:

□ Seitenkante a □ Seitenkante b □ Seitenkante c

Es entstehen zwei ________________ (gleich große / verschieden große) __________________(Quader / Prismen). Als Grundfläche haben sie ein ____________________, die Höhe ist die Seitenkante _____.

**1** Ein Quader (a = 45 mm, b = 32 mm, c = 65 mm) wird aus Gold hergestellt. Berechne die Masse dieses Goldstücks ($\rho$ = 19,32 g/cm$^3$)! Runde auf Gramm!

---

**2** Welche Höhe hätte eine Pyramide aus Gold, die die gleiche Grundfläche und die gleiche Masse wie der Quader (a = 45 mm, b = 32 mm, h = 65 mm) hat?
Vielleicht kannst du dieses Beispiel auch ohne Rechnung lösen?

---

**3** Berechne das Volumen der quadratischen Pyramide (a = 56 mm, h = 70 mm)

---

**4** Der Pfeiler eines Gartenzaunes besteht aus einem regelmäßigen vierseitigen Prisma (a = 30 cm, h = 1,10 m) und einer aufgesetzten Pyramide, die die gleiche Grundfläche wie der Quader hat und 35 cm hoch ist. Welches Volumen hat der Pfeiler?
1 m$^3$ Beton hat die Masse von 2 400 kg. Welche Masse hat der Betonpfeiler?

---

**5** Berechne die Masse des Winkeleisens $(\rho = 7{,}874 g / cm^3)$, das die angegebene Querschnittsfläche hat und 35 mm lang ist!

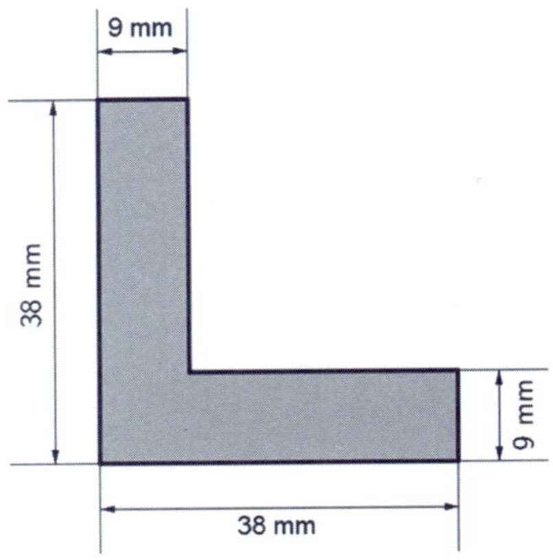


**6** Eine Waschbetonplatte hat die Form eines Quaders (40 cm x 40 cm x 4 cm) und hat eine Masse von 15 kg. Welche Dichte hat das Material, aus dem diese Platte hergestellt wurde? Gib sie in $kg/m^3$ an!

**7** Ein Damm mit folgender Querschnittsfläche (siehe Skizze) soll 200 m lang angelegt werden. Wie viel $m^3$ Erde braucht man mindestens? 1 $m^3$ Erde hat eine Masse von 1,28 t. Wie viele LKW-Ladungen braucht man mindestens, wenn ein LKW bis zu 16 t beladen werden kann?

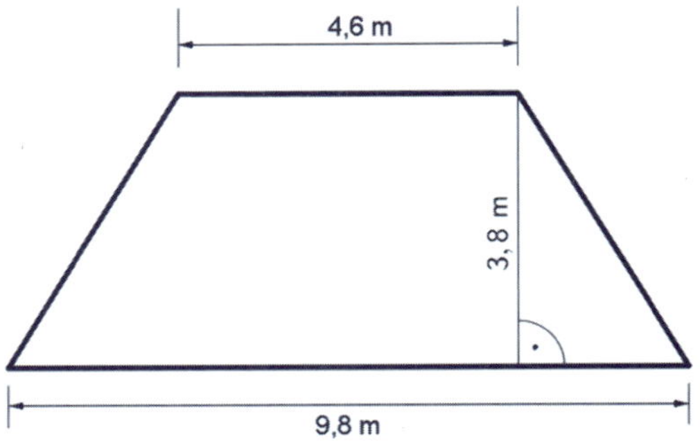


**8** Ein Zelt, das die Form einer regelmäßigen vierseitigen Pyramide hat (Grundfläche 2,5 m x 2,5 m, Höhe 1,5 m), wird aufgestellt.

a) Wie viel Luft ist im Zelt?

b) Das Zelt wird auf eine Folie, die wasserundurchlässig ist gestellt. Diese Folie soll auf allen Seiten um 15 cm größer sein. Welche Abmessungen muss diese Folie haben?

**9** Ein Würfel hat ein Volumen von 64 $cm^3$. Welche Kantenlänge hat der Würfel? Kreuze an!

☐ 16 cm ☐ 8 cm ☐ 4 cm ☐ 2 cm

**10** Über einer Sandkiste (1,2 m x 1,2 m x 40 cm) befindet sich ein Dach, das die Form einer Pyramide mit der Höhe 60 cm hat und um 20 cm auf allen Seiten übersteht.

a) Berechne, wie viel $m^2$ Holz man für das Dach benötigt! (Das Dach entspricht der Mantelfläche der Pyramide)

b) Die Sandkiste ist bis 5 cm unterm Rand mit Sand gefüllt. Welche Masse hat der eingefüllte Sand? $(\rho = 1{,}3 g / cm^3)$